绿色食品
GreenFood

绿色食品
质量安全监管创新与实践

◎ 何 庆 主编

中国农业科学技术出版社

图书在版编目（CIP）数据

绿色食品质量安全监管创新与实践／何庆主编．—北京：中国农业科学技术出版社，2017.7

ISBN 978-7-5116-2858-9

Ⅰ.①绿…　Ⅱ.①何…　Ⅲ.①绿色食品-食品安全-安全管理-文集　Ⅳ.①TS201.6-53

中国版本图书馆 CIP 数据核字（2016）第 284828 号

责任编辑	史咏竹
责任校对	马广洋

出 版 者	中国农业科学技术出版社
	北京市中关村南大街 12 号　邮编：100081
电　　话	（010）82105169（编辑室）　　（010）82109702（发行部）
	（010）82109709（读者服务部）
传　　真	（010）82106626
网　　址	http://www.CASTP.cn
经 销 者	各地新华书店
印 刷 者	北京富泰印刷有限责任公司
开　　本	710mm×1 000mm　1/16
印　　张	13.75
字　　数	246 千字
版　　次	2017 年 7 月第 1 版　2017 年 7 月第 1 次印刷
定　　价	56.00 元

《绿色食品质量安全监管创新与实践》

编　委　会

序

20世纪90年代，绿色食品作为一项开创性事业，诞生于中国农业与食品领域。20余年来，绿色食品已从提出概念、建立标准和开发产品，不断开拓创新，现已发展成为一个新兴的朝阳产业。截至2016年年底，全国绿色食品生产企业总数达10 116家，产品总数24 027个，已建成绿色食品原料标准化基地696个，总面积近1 333万公顷。当前，绿色食品已成为生态文明建设的"助推器"，促进农业发展方式转变的"排头兵"，引领中国安全优质农产品消费的"风向标"。

为确保绿色食品产品质量安全，全国绿色食品监管工作系统围绕着维护品牌公信力的总体目标，不断创新与实践，建立和实行了严格的监管制度，形成了独具特色、较为完善的监管机制：一是对用标企业开展年度现场检查，指导和监督企业严格落实绿色食品质量标准；二是不断加大绿色食品产品监督抽检的力度，对产品质量长期不间断地监控，对于质量安全不合格产品取消标志使用权；三是组织开展产品标志市场监察，积极配合质监、工商和食品药品监管等行政执法部门共同查处假冒绿色食品商标案件；四是主动开展质量安全风险预警，借助绿色食品管理与检测工作体系及专家的力量，采取针对性措施，有效防范并及时处理绿色食品产品质量安全行业性与区域性风险；五是强化退出机制，加强监管信息发布。通过及时的信息公开，让广大消费者知情；六是在全国绿色食品工作系统建立标志监管员，并在绿色食品生产企业建立内部检查员队伍，确保绿色食品质量标准和监管制度在企业生产各个环节有效落实。绿色食品证后监管制度与工作措施的落实，确保了绿色食品质量持续提高，未发生过重大质量安全事件。

多年以来，各级绿色食品工作机构按照农产品质量安全监管工作的总体部署和要求，结合实际，积极探索，大胆创新制度、机制和理念，切实加强绿色食品监管工作，取得了显著效果。为总结全国各地绿色食品质量安全监管工作的成功经验，征集绿色食品企业落实绿色食品制度标准方面的典型案例，研究探讨进一步强化绿色食品证后监管思路和模式，中国绿色食品发展中心和《农产品质量与安全》编辑部联合组织开展了中国绿色食品质量安全监管创新与实践征文活动。现将本次活动获奖论文及近年发表过的有关绿色食品监管工作的重要论述与文章摘编结集出版，借此指导和促进绿色食品监管工作系统相互交流、学习和借鉴，激励大家履职尽责，开拓创新，推动绿色食品质量安全监管工作水平再上新台阶。

中国绿色食品发展中心主任　王运浩

目　　录

绿色食品质量安全监管
重要论述

绿色食品质量安全监管创新与实践征文活动
获奖作品摘编

绿色食品质量安全监管

重要论述

坚持创新　加强监管
维护绿色食品品牌公信力*

刘　平

（中国绿色食品发展中心）

20 世纪 90 年代，绿色食品作为一项开创性事业，在我国农业系统创立。发展绿色食品的理念和宗旨，一是保护农业生态环境，促进农业可持续发展；二是提高农产品及加工食品质量安全水平，增进消费者健康；三是增强农产品市场竞争力，促进农业增效、农民增收。26 年来，绿色食品经历了从概念提出、产品开发到产业体系形成，从理念创新到品牌创立与发展，品牌效应从工厂、企业放大到农田、基地和农户，成功走出了一条以品牌带动消费，以消费拉动市场，以市场促进生产的良性发展道路。绿色食品已成为生态文明建设的"助推器"，促进农业发展方式转变的"排头兵"，引领我国安全优质农产品消费的"风向标"。当前，农产品品牌化发展是挖掘农村经济增长潜力和农业内在价值的重要手段，品牌已经成为农业农村经济发展的重要战略资源。在品牌引领经济增长转型升级的阶段，绿色食品肩负着带动我国农产品品牌整体提升的重大使命。

一、坚持安全优质定位，着力打造精品品牌

"安全""优质"是绿色食品产品的基本定位。以绿色食品标志为质量证明符号，获证产品具备了"安全""优质"的基本属性，为消费者放心选购提供了保证。多年以来，绿色食品从满足城乡居民对安全优质食品需求出发，不断完善标准体系、审查许可制度、证后监管措施，确保了产品质量可靠和品牌公信力。

* 本文原载于《农村工作通讯》2016 年第 20 期，46-48 页

建立特色鲜明的绿色食品标准是绿色食品一个重大制度创新。26 年来，为了打造精品，满足高端市场需求，服务出口贸易，绿色食品标准已达到甚至超过国际先进水平。目前，通过农业部①发布实施的绿色食品标准有 126 项，涵盖了产地环境、生产技术、产品标准和包装贮藏等环节，构建了一套具有科学性、完整性、系统性、先进性的标准体系。绿色食品标准体系的创建和实施，奠定了绿色食品标准化生产、产业化发展的技术基础和品牌的核心竞争力，为不断提升我国农业生产和食品工业发展水平树立了新标杆。

以先进的标准为基础，绿色食品推行"环境有监测、操作有规程、生产有记录、产品有检验、上市有标识"的"五有"标准化生产和管理，建立了"从土地到餐桌"全程质量控制体系，规范了绿色食品生产的产前、产中和产后各个环节，有效实现了农产品质量安全的可追溯，在推行农业标准化生产中起到了示范带动作用。

为了保证绿色食品产品质量，提升产业化水平，放大品牌价值，还构建了与绿色食品产品生产、绿色生资、原料基地相关的专业营销的全产业链条。绿色食品生产资料认定与推广应用于 1996 年启动，目前绿色生资企业已达 110 家，产品 234 个，为方便绿色食品生产企业进行投入品选择提供了可靠保证。绿色食品原料标准化生产基地创建工作于 2005 年启动，到 2016 年 9 月全国现已建成 665 个基地，总面积 1.69 亿亩②，对接企业 2 488 家，带动农户 2 130 万户，为绿色食品加工企业原料保证和带动农民增收发挥了重要作用。目前，全国有效使用绿色食品标志的企业已超过 1 万家，产品接近 2.5 万个。在国内一些大中城市的大型超市等商业连锁经营企业，绿色食品已成为市场准入的一个重要条件，纷纷设立绿色食品专柜、专区、专营店、营销中心。近年来，中绿生活网、工行融 e 购等从事绿色食品营销的专业电商平台异军突起，拓展了绿色食品营销网络和新型业态，为绿色食品生产企业赢得了市场份额，积极促进了农业供给侧结构性改革。

二、大胆探索，创新监管模式，维护品牌公信力

农产品质量安全既要"产出来"，也要"管出来"，绿色食品也不例外。"产出来"，就是要严格按照绿色食品标准，指导企业和农户落实生产技术

---

① 中华人民共和国农业部，全书简称农业部
② 1 亩≈667 平方米，全书同

操作规程，实施标准化生产，同时依据绿色食品标准和程序开展符合性检查、检测和评审，确保产品安全优质。"管出来"，就是要严格依法履职尽责，加强绿色食品产品质量和标志使用监管，持续维护品牌的公信力。多年以来，各级绿色食品工作机构按照农产品质量安全监管工作的总体部署和要求，结合实际，积极探索，大胆创新制度、机制和理念，切实加强绿色食品监管工作，取得了显著效果。

（一）创新监管制度

目前，绿色食品已全面建立和实施了以企业年度检查、产品质量抽检、标志市场监察、质量安全预警、监管信息通报 5 项制度为核心的证后监管制度体系，并通过强化监管措施和淘汰退出机制，确保有力地维护了绿色食品品牌形象。

1. 企业年度检查

企业年度检查即由绿色食品管理机构对辖区内获得绿色食品标志使用权的企业，在一个标志使用年度内的绿色食品生产经营活动、产品质量及标志使用行为实施的监督、检查、考核、评定等。通过开展企业年检，及时指出企业在实施标准化生产和规范化管理中存在的问题，有效规范了企业行为。

2. 产品质量抽检

产品质量抽检即对已获得绿色食品标志使用权的产品采取监督性抽查检验，是绿色食品证后监管的一项刚性化手段，年抽检比例可达 25%～30%。对抽检不合格的产品，由中国绿色食品发展中心取消其标志使用权，并予以公告。多年来，各级绿色食品工作机构加大对重点区域、重点行业、重点时节的重点产品的抽检力度，抽检覆盖率逐年增长，部分省市抽检产品甚至达到全覆盖。

3. 标志市场监察

标志市场监察的主要目的是检查监督企业规范使用绿色食品标志，打击假冒绿色食品，维护绿色食品良好的市场形象。监察行动每年集中开展 1～2 次，由各地绿色食品工作机构在当地选取 5～10 个有代表性的超市、便利店、专卖店、批发市场、农贸市场，采取购买方式，对所有标称绿色食品的产品进行监察。发现问题，及时处理。近年来，市场监察范围逐渐向中小城市延伸，并在全国设立了近百个固定市场，作为绿色食品市场变化的长期监察点。

4. 质量安全预警

质量安全预警即由中国绿色食品发展中心组织质量安全预警信息员和相关监测机构，收集危害产品质量安全的信息，经专家分析、评估后作出相应的防范措施。目前绿色食品已建立较为完善的质量安全预警机制，风险防范和突发事件应急处置能力不断增强。

5. 监管信息通报

监管信息通报是指通过公开媒体、网络平台公告及发布会通报等渠道，向社会发布绿色食品监管信息，包括因抽检不合格、年检不合格等被取消绿色食品标志使用权的企业及其产品。通过公告、通报制度的实施，强化了淘汰退出机制，传达了严格监管的信号。

（二）创新监管机制

1. 优化企业年检工作机制

一是按照农业部《绿色食品标志管理办法》及其配套的管理规定等制度性文件，把各级管理机构及工作人员从职责、任务进行明确分解，形成了工作责任机制；二是通过填写《检查工作记录单》《年检现场检查报告》、下达《年检结论通知》等措施，做到过程有记录，工作可追溯；三是通过组织督导，检查地方企业年检工作成效，将相关意见和信息反馈给各级绿色食品工作机构、相关企业，促进各个方面改进工作，形成了问题倒逼机制。

2. 强化产品抽检工作机制

为体现公正性，将检测工作委托给具有相应资质的第三方机构；为保证权威性，委托检测机构不受所属系统、所在区域及所有制限制，按照专业优势和业务水平来选定；为保持客观性，中国绿色食品发展中心统一确定检测项目并承担检测经费；为加大抽检力度，中国绿色食品发展中心每年产品抽检比例都保持在10%以上，加上地方绿色食品管理办公室每年安排的监督抽检，总的抽检比例高达25%~30%。同时，为充分发挥产品检测的作用，通过对检测数据进行进一步分析，作为风险预警的依据。此外，将年度抽检与产品续展相衔接，当年抽检结果可作为续展检测材料，为企业降低了续展成本。近几年各地绿色食品工作机构也争取项目和资金开展产品检测，进一步加大了监管力度。

3. 坚持监管信息发布机制

为了回应社会的关注，进一步体现绿色食品监管工作的严肃性和透明度，增强绿色食品品牌的公信力和可信度，从 2015 年开始，中国绿色食品发展中心尝试建立实施监管信息发布机制。在第十六届中国绿色食品博览会期间，首次举行监管信息发布会，向社会发声，受到了新闻媒体和社会公众的高度关注，赢得了广泛好评。

4. 完善企业内检员注册管理机制

企业内检员是开展绿色食品监管工作的一支重要力量。截至 2016 年 6 月底，全国累计有企业内检员 20 600 人。为了进一步发挥这支队伍的作用，我们利用信息化手段，开展内检员网上注册和年度登记注册，完善登记信息、摸清在岗底数，建立与内检员的信息沟通渠道，实现对内检员队伍高效、动态化管理。

5. 探索标志监管员激励机制

目前，全国绿色食品标志监管员已超过 1 600 人。为了完善绿色食品监管工作机制，充分调动各级监管员的积极性，中国绿色食品发展中心拟定了《绿色食品标志监管员绩效考评办法》，将在监管员激励机制方面作一些探索。

（三）创新监管理念

1. 树立监管与服务结合的理念

通过监管处罚企业不是最终目的，而是及时发现绿色食品企业在生产和管理中存在的风险和隐患，并帮助企业解决问题，指导企业改进和提高，不把生产环节出现的问题带到市场，使企业配合检查、欢迎检查、希望检查。

2. 倡导企业诚信自律的理念

企业是绿色食品产品质量的第一责任人，也是促进绿色食品产业健康发展的主体。绿色食品多年来坚持发挥企业的积极作用，激发企业在绿色食品品质保障方面的潜力。近几年，中国绿色食品发展中心和各地绿色食品工作机构通过高密度、多频次的培训，全面加大绿色食品企业内检员队伍建设与管理力度，并通过多种形式和手段，充分发挥企业内检员的作用。

3. 强化风险管控的理念

一方面，树立审核也是监管的理念，严把准入关口；另一方面，化"被动"处理为"主动"预防，将绿色食品质量安全风险预警管理纳入监管长效机制，结合产品质量抽检，加强对信息的分析和研判，防范行业性、区域性重大质量安全风险。近年来，中国绿色食品发展中心针对水稻、木瓜、肉羊、葡萄酒、螺旋藻、茶叶、畜禽饲料等20余类产品，陆续开展了的风险预警专项检查活动，前移质量监管关口，取得了很好的效果。

三、从严从紧，持续发力，确保绿色食品持续健康发展

绿色食品事业经过20余年的发展，在全面协调可持续发展、生态文明建设以及品牌化引领过程中的作用越来越凸显。国务院2016年印发的《关于发挥品牌引领作用，推动供需结构升级的意见》，将绿色食品、有机食品列入供给结构升级工程的重要内容。随着《农业部关于推进"三品一标"持续健康发展的意见》《绿色食品产业发展规划纲要（2016—2020）》的出台，各地绿色食品发展的步伐将稳步加快，绿色食品产业规模将持续扩大，企业主体类型和产品结构将更加丰富，绿色食品品牌影响力将持续增强，这势必对监管工作提出更大的挑战。为此，整个绿色食品工作系统需要坚持不懈地抓好监管工作。

1. 强化"三个意识"

强化证后监管，确保绿色食品产品质量安全，维护绿色食品品牌形象，对于带动和提升我国农产品质量安全水平将产生重大影响。绿色食品工作系统要树立和强化大局意识、责任意识和法律意识，严格按照《中华人民共和国农产品质量安全法》《中华人民共和国食品安全法》《绿色食品标志管理办法》等法律法规，依法办事，依规履责，勇于担当。

2. 明确"两大任务"

要以"确保产品质量，规范使用标志"两大任务为重心，进一步强化监管工作。确保产品质量，就是通过严格的年检、抽检，确保获证产品的内在品质始终符合绿色食品标准的要求，符合绿色食品"安全""优质"的精品定位；"规范使用标志"，就是通过市场上标志使用的监测和检查，积极配合工商、质检、公安等部门，有效查处假冒用标，纠正不规范用标行为，确保绿色食品品牌是干净的品牌，没有杂质和水分的品牌。

3. 落实"五项制度"

企业年检要突出有效性，加强督导。产品质量抽检要注重计划性、协调性，做好国家与地方层面的衔接。标志市场监察要突出企业不规范用标问题，加强检查，督促企业整改。质量安全预警要更加精准、及时，防患于未

然。产品公告要公开、透明，对因各种检查、抽查不合格被取消绿色食品标志使用权的企业和产品及时对外发布。

4. 建设"两支队伍"

绿色食品标志管理监管员和绿色食品企业内检员是开展绿色食品证后监管工作的两支重要力量，要积极发挥两支队伍的作用。要通过各项监管制度的落实，加强标志管理监管员工作的绩效考核。要通过持续抓好内检员的培训与管理，发挥内部检查员在宣贯标准、沟通信息、质量保障、风险预警等方面的重要作用。

全面落实五大监管制度
确保绿色食品品牌公信力

王华飞

(中国绿色食品发展中心)

经过 20 多年的发展，我国绿色食品工作取得了辉煌成就，创立了一个具有鲜明特色的新兴产业，打造了一个代表我国安全优质农产品的精品品牌，创建了一套符合我国农业和食品工业国情的发展模式，构建了一套具有国际先进水平的技术标准体系，建立了"以属地监管为原则、行政监管为主导、行业自律为基础、社会监督为保障"的一整套综合监管运行机制。通过有效落实企业年检、产品质量抽检、标志市场监察、质量安全预警、公告通报 5 项监管制度，大力强化监管措施和淘汰退出机制，积极配合有关监管部门严肃查处假冒伪劣产品，促进了我国农产品和食品质量安全水平的全面提高，使我国绿色食品产品质量抽检合格率一直稳定保持在 98% 以上，绿色食品品牌的知名度、影响力得到不断提高，绿色食品的品牌公信力和美誉度得到了全社会的高度认可。

当前，绿色食品工作已经成为农产品质量安全工作的重要组成部分，纳入了农业供给侧改革的主战场。农业部对绿色食品发展的总体要求是，以绿色食品引领农业品牌化，以品牌化带动农业标准化，以标准化来提升农产品安全水平，促进农业生产方式的转变，实现农业增效和农民增收，推动绿色食品事业持续健康发展。另外，中国绿色食品发展中心通过建立健全企业内部检查员制度，促进了企业在内部加强绿色食品质量管理和标志使用管理工作，从源头上保障了绿色食品产品质量和品牌信誉。通过建立绿色食品质量追溯体系，全面提高企业的质量意识和责任意识，同时也给消费者提供了绿色食品质量追溯的有效工具，增强了消费信心。政府行政机关和行业管理部门通过对绿色食品的监管，使绿色食品的产品质量真正做到"可管、可防、可控、可查"，促进了绿色食品事业持续健康发展。

一、企业年检综合监督

绿色食品企业年度检查是指为了规范绿色食品企业工作，加强对绿色食品企业产品质量和绿色食品标志使用的监督管理，中国绿色食品发展中心组织各地方绿色食品管理机构（以下简称绿办）对辖区内获得绿色食品标志使用权的企业，在一个标志使用年度内的绿色食品生产经营活动、产品质量及标志使用行为，实施监督、检查、考核、评定等。切实做好企业年检工作对保证绿色食品产品质量，规范绿色食品标志使用具有至关重要的作用。年检结论处理包括年检合格、整改、不合格3种。其中，年检结论为整改的企业必须在规定时间内完成整改，并将整改措施和结果报告绿办。绿办及时组织整改验收并做出结论。验收不合格的及时报请中心取消其标志使用权；年检结论为不合格的企业省级绿办直接报请中国绿色食品发展中心取消其标志使用权。

多年来，中国绿色食品发展中心一直投入大量的人力、物力和精力，推动各地绿办全面开展企业年检工作，取得了良好的效果，从源头上保证了绿色食品的质量，确保企业使用绿色食品标志的规范。首先是狠抓年检制度的落实，推行企业年检责任制，明确每个企业的年检责任人；其次是督促各地绿办制订年检工作计划；再次是抓年检有效性的落实，强化年检实地检查的实效性，避免走过场；最后是开展年检督导工作，组织专家、监管员对各地绿办进行年检督导工作，提高了绿办年检工作质量，强化了企业产品质量和规范用标意识，推进了各项监管制度的贯彻落实。

二、标志市场监察规范用标

绿色食品标志市场监察是指为了加强绿色食品标志使用的市场监督管理，规范企业用标，打击假冒行为，维护绿色食品的公信力，对市场上绿色食品标志使用情况进行的监督检查。标志市场监察是绿色食品标志管理的重要手段和工作内容，由中国绿色食品发展中心负责全国绿色食品标志市场的监察工作，各地绿办负责本行政区内绿色食品标志市场监察工作。

监察行动每年集中开展1~2次。每次行动由各地绿办在当地大中城市选取5~10个有代表性的超市、便利店、专卖店、批发市场、农贸市场等作为监察点，采取购买方式，对监察点所售标称绿色食品的产品实施采样监察。监察工作主要完成 3 项任务：一是规范绿色食品标志及产品编号的使用；二是查处假冒绿色食品的行为；三是实施绿色食品产品质量年度抽样检验。各地绿办组织有关人员对各监察点所售标称绿色食品的产品进行采样并登记造册，并上报中国绿色食品发展中心，中心对各地报送的产品名录逐一核查，对存在不同问题的产品分别做出以下处理：①属违反有关标志使用规定的，责成有关绿办通知企业限期整改；②属假冒绿色食品的，通知有关绿办提请工商行政管理部门和农业行政管理部门依法予以查处；③产品连续两次被查出违规用标，视为企业年检不合格，根据有关规定，由中国绿色食品发展中心取消其标志使用权。

标志市场监察工作对于进一步加强标志管理工作具有重要的意义。多年来，中国绿色食品发展中心组织各地绿办多次集中开展了市场监察活动，市场监察范围从原来的大城市向中小城市延伸，功能从用标检查拓展到价格调查，并在全国设立了近百个固定市场，作为绿色食品市场变化的长期监察点。同时，组织各地绿办加强对市场经营管理者绿色食品知识的培训，提高经营管理者识别真假绿色食品能力，帮助经营管理者建立健全验证绿色食品标志制度，把好进场入市关，防止假冒绿色食品和不规范用标产品进入市场。

三、产品抽检管控质量

绿色食品产品质量年度抽检，是指中国绿色食品发展中心对已获得绿色食品标志使用权的产品采取监督性抽查检验，是绿色食品证后监管的一项刚性化手段。产品抽检工作由中国绿色食品发展中心制订抽检计划，委托相关绿色食品产品质量监测机构按计划进行，各地绿办予以配合。

抽样方式：监测机构根据年度抽检计划、专项抽检计划和突击抽检要求适时派专人赴企业或市场上随机抽取样品，也可以委托各地绿办协助进行，由绿色食品标志监管员抽样并寄送监测机构。抽检不合格的产品，中国绿色食品发展中心将取消其消费标志使用权，并予以公告。

多年来，中国绿色食品发展中心和各地绿办委托绿色食品监测机构加大对重点区域、重点行业、重点时节的重点产品的抽检力度，其中包括往年抽检不合格频率较高的产品、节日供应产品、风险预警产品和绿色食品原料标准化基地产品。另外，积极鼓励各地加大绿色食品的抽检比例。全年抽检比例达30%以上，部分省市抽检产品甚至达到全覆盖。

四、质量安全预警管控风险

绿色食品质量安全预警制度是在中国绿色食品发展中心的统一部署下，组织质量安全预警信息员和相关监测机构，收集危害产品质量安全的信息，经专家分析、评估后作出相应的防范措施，从而最大程度减低危害所造成的损失。

质量安全信息分为红色风险、橙色风险和黄色风险3个级别。红色风险，是指发生在整个行业内的危害，并可能造成全国性或国际性影响的、大范围和长时期存在的严重质量安全风险；橙色风险，是指发生在行业局部或可能造成区域范围内，有一定规模和持续性的危害风险；黄色风险，是指发生在行业内个别企业或可能造成省域内、小规模和短期性的危害风险。根据质量安全信息分级，中国绿色食品发展中心将分别采取不同的处置措施。

多年来，中国绿色食品发展中心非常重视和强化质量安全预警管理，建立健全了"上下互动、省际联动"的质量安全预警机制，增强食品安全的风险防范和突发事件应急处置能力。近年来，中国绿色食品发展中心对质量安全预警工作进行了适当调整，把工作重点放在"主动搜寻信息，主动处置风险"方面。首先是针对非法添加和滥用植物生长调节剂开展专项检查和检验，对肉羊、葡萄酒、黄瓜、西瓜、猕猴桃和食醋等产品开展了专项预警工作，分别组织相关绿办和监测中心对预警产品进行了专门检查和产品检验。其次是开展乳制品企业生产许可证专项检查活动。根据国家质检部门对乳品企业生产许可证进行重新审核要求，要求全国绿色食品乳品企业重新提交新核发的生产许可证并必须通过重新审核。再次是对质量安全预警产品开展产品抽检工作。对不合格产品及时作出取消绿色食品标志使用权的处理，排除了质量安全隐患。最后是开通了绿色食品监管信息手机短信交流平台，及时向各地绿办负责人以及广大监管员和企业内部检查员发布监管信息和工作动态，加强工作交流，提高风险防范意识。另外，将有针对性地增加预警信息员和专业监测机构的数量，扩大质量安全信息来源。同时，还将安排专人多渠道全方位收集信息，及时组织召开专家分析评估会，迅速作出风险处置，以防患于未然。

五、公告通报打造诚信体系

绿色食品公告通报制度是指通过媒体向社会发布以及以文件形式向绿色食品工作系统及有关企业告知绿色食品重要事项或法定事项。

予以公告的事项包括：①通过中国绿色食品发展中心认证并获得绿色食品标志使用许可的产品；②经中国绿色食品发展中心组织中抽检或国家及行业监督检验，质量安全指标不合格，被中国绿色食品发展中心取消标志使用权的产品；③违反绿色食品标志使用规定，被中国绿色食品发展中心取消标志使用权的产品；④逾期未参加中国绿色食品发展中心组织的年检，视为其自动放弃标志使用权的产品；⑤标志使用期满，逾期未提出续展申请的产品；⑥其他有关标志管理的重要事项或法定事项。

予以通报的事项包括：①予以公告的事项；②在标志管理工作中做出突出成绩的绿色食品管理机构、定点监测机构及有关个人予以表彰的；③在标志管理工作中严重失职、造成不良后果的绿色食品管理机构、定点监测机构及有关个人予以批评教育，并做出相应处理的；④绿色食品产品质量年度抽检结果；⑤绿色食品监管员注册、考核结果；⑥其他有关标志管理的重要事项或法定事项。

实施公告通报制度是标志管理的一个重要手段。中国绿色食品发展中心不仅对取消标志使用权的不合格产品予以公告，而且对拒绝年检或经年检不合格的企业也予以公告。对于年检工作不力或严重失职的单位和个人，予以通报并追究其责任。通过公告、通报制度的实施，建立了标志管理的自我约束机制、退出淘汰机制和信用体系，树立了绿色食品严格监管的社会形象。

绿色食品质量安全监管创新与实践征文活动

获 奖 作 品 摘 编

密云区绿色食品蔬菜生产基地
质量安全控制能力试点分析
——以北京南套里蔬菜种植
合作专业社为例[*]

袁胜君　　贾东珍　　张林武　　杨　美

(北京市密云区农业服务中心)

　　绿色食品蔬菜产业是当前及未来密云区农业的主攻方向，经过几年的发展，密云区绿色食品蔬菜产业已初具规模。但是由于消费者对绿色食品蔬菜认识不足、绿色食品蔬菜生产标准与管理体系仍不完善等原因，导致密云区近两年绿色食品蔬菜产业发展缓慢、甚至萎缩。建立绿色食品蔬菜生产基地质量安全控制能力试点，探索构建全程、全面、全员的绿色食品蔬菜生产标准与监管体系以及通畅的销售体系迫在眉睫。

一、绿色食品蔬菜发展状况及建设生产
基地质量安全控制能力试点的动因

(一) 密云区绿色食品蔬菜产业发展状况

　　密云区是首都的饮用水源基地，良好的生态环境为发展绿色食品蔬菜提供了得天独厚的环境优势。密云区有菜田面积 3.6 万亩，年蔬菜播种面积5.7 万亩，年蔬菜产量达 2.8 亿千克，年蔬菜总产值 5.8 亿元。本着"做实无公害、做优绿色"的发展理念，密云区扎实推进无公害和绿色食品生产基地建设工作，2002 年密云区荣获了全国首批 100 家无公害蔬菜生产示范

基地县殊荣，绿色食品蔬菜也有了较快发展，目前密云区有绿色食品蔬菜生产合作社或企业9家、认证面积5 798亩，年认证产量为1 861万千克。

（二）建设绿色食品蔬菜生产基地质量安全控制能力试点动因

绿色食品是我国农产品及加工食品的精品，对生产和消费具有示范引领作用。随着人们生活水平的提高，越来越多的人开始关注食品安全，人们愿意花更多的钱来购买品质高、有安全保障的食品。但面对国内琳琅满目的绿色食品，消费者因缺乏诚信保障，宁愿高价代购国外食品，也不愿用较低的价格买国内的绿色产品，影响了国内绿色食品的市场推广和价格提高。由于缺乏利益驱动，农户和企业认证绿色食品的动力不足，使绿色食品发展受到制约。密云区2011年绿色食品蔬菜认证面积为7 813亩，到2014年年底减少至5 798亩。据密云绿色食品认证机构反馈，近两年全县将有5家合作社或企业面临复查换证，但拟换证的合作社或企业仅3家，密云区绿色食品蔬菜认证规模在逐步萎缩。

当务之急是建立绿色食品蔬菜质量安全控制能力试点，通过试点集中展示绿色食品生产水平、质量控制水平和营销水平，建立诚信体系，以高品质赢得消费者信心，保障绿色食品蔬菜生产者和消费者双方利益。再以试点为模板，"复印"到其他绿色食品蔬菜生产基地建设中，促进绿色食品蔬菜产业持续健康发展。

二、北京南套里蔬菜种植合作社质量安全控制能力试点分析

（一）北京南套里蔬菜种植专业合作社的基础条件

北京南套里蔬菜种植专业合作社成立于2002年，占地面积520亩，其中设施菜田350亩，拥有高标准日光温室123栋，塑料大棚67栋，注册社员75户，生产方式为合作社统一协调、基地农户分散自耕自种。近年来，在市、区、镇三级农业部门的帮助和支持下，合作社管理水平和种植技术都得到了较大的提升，2011年通过无公害农产品认证，2013年通过绿色食品认证，同年被评选为北京市"菜篮子"工程优级标准化基地。

（二）绿色食品蔬菜生产基地质量安全控制能力试点建设

密云区以北京南套里蔬菜种植专业合作社为试点，针对技术、装备、环境、销售等环节，对试点基地原有的生产与管理体系进行查漏补缺，全面提升基地技术水平和管理水平。

1. 建立绿色食品蔬菜生产标准

为进一步规范绿色食品蔬菜生产，加快发展绿色食品蔬菜产业，合作社以国家绿色食品标准为基础，结合自身特点和优势，对绿色食品蔬菜产地环境质量、生产技术、产品标准、包装标签、贮藏运输等一系列内容做了翔实的规定，初步建立了企业绿色食品标准，尤其强调：一是统一种苗供应，基地所用种子及种苗必须统一由合作社负责供应，以确保生产基地用苗质量安全。二是统一技术管理，突出生产基地蔬菜病虫害的物理和生物防治管理，规范化安装防虫网、杀虫灯和性诱剂诱捕器等物理防控设施，统一释放赤眼蜂等生物天敌防治虫害，统一释放雄蜂进行果菜授粉；合理水肥调控，以农家肥为底肥，追施"圣诞树"冲施肥；统一配置小型省力化机械，每个棚安装运输轨道，运用轨道式运输车、移动式喷药机、温室落蔓装置和遥控卷帘系统等，提高基地生产机械化程度。三是统一废弃物处理，对基地拉秧蔬菜、病虫植株残体及净菜加工过程中产生的蔬菜废弃物等进行无害化处理，并就地还田利用；集中收集处理药瓶、药袋等废弃物，避免造成二次污染。

2. 建设绿色食品蔬菜监管体系

（1）组建网格管理员+村级全科农技员+基地农户的全员共管的质量安全监管队伍。一是试点基地是县政府农村网格化社会服务管理中的一个管理网格，网格管理员随时监管掌握基地蔬菜质量安全生产状况，并将相关信息反馈至上级网格，及时处置基地安全生产问题及事件。二是南套里村设有一名村级全科农技员，负责该村蔬菜质量安全督导及相关信息的上传下达，对该村蔬菜生产基地农业投入品使用情况进行监管和指导。三是基地农户绝不是监管的"对象"，而是实施监管的主要推动力量；合作社发挥基地农户监管力量，引导农户开展互查互纠活动，形成基地农户互相监管、互相制约的安全生产监管机制。

（2）强化质量安全全程管理。农户相互监管投入品使用情况，生产所需投入品统一从农资配送店购买，禁止不明来源的农资在基地中使用，对发现违规采购使用投入品的，农户可向合作社举报。设立植物诊所，植物医生随时掌控蔬菜生长过程中出现的各种病虫害，及时诊治，禁止农户随意用药。基地检测室负责对每批次上市蔬菜进行农残检测，出具检测报告单，严禁未过安全间隔期、检测不合格产品上市。

3. 建立绿色食品蔬菜基地生产者诚信体系

围绕实现绿色食品蔬菜生产信息透明化的目标，建立绿色食品蔬菜生产领域数据查询系统，为消费者提供详细准确、清晰透明的产品安全信息。首先是建立生产者诚信档案，对基地棚室进行编号，将每个棚室的生产者姓名、种植品种、投入品采购使用情况、病虫害防治情况、产量、农残检测结果、上市时间及产品销售去向等具体信息登记备案，录入到基地的信息管理系统，做到生产管理全过程有据可查，实现产品源头可追溯。其次是明确基地诚信管理责任人，在产品出现质量问题时，负责快速查询问题环节，增强管理的时效性。再次是基地所有配送产品贴标销售，标注生产基地、棚室和管理者姓名；直销产品则是由农户带着销售胸牌和检测合格单进行销售。最后是基地接受社会的监督，随时接受消费者与监管者来基地考察和督查；作为网络电商的供货基地，合作社每年分 3 期邀请优质会员到基地进行考察，增加生产者与会员间的互动，让会员充分了解基地生产管理情况，增强会员消费信心。

4. 构建多元化绿色食品蔬菜销售模式

将基地蔬菜根据品相分成不同等级，通过"企业配送""农超对接""农餐对接""网络电商"和"实名制"挂牌直销等多元化分级销售方式，使基地曾经出现的产品滞销问题得到根本性解决。

"企业配送""农餐对接""农超对接"和"网络电商"是试点基地已有的 4 种销售模式。作为北京天安农业的外延基地，每年要配送给天安农业近 200 万千克的净菜，约占基地蔬菜总产量的 50%。在农餐对接方面，基地与北京洪福环宇餐饮有限公司建立长期合作关系，为密云区医院、北汽福田、中小学校等 71 家企事业单位的职工食堂、学生食堂提供蔬菜，基地年提供给餐饮公司优质蔬菜 3.5 万千克。与密云区内京客隆、超市发两家超市签订产销合同，年订单量 1 万千克。与电商"密农人家"合作，年销售净菜近 1.5 万千克。

"实名制"挂牌直销是基地的一种创新尝试，建"密云菜园—南套里"产地直销市场，在市场内公示基地蔬菜品种、认证情况、当天农残检测情况等信息，收购商或散客可以到产地市场直接购买。另外，区级农业部门为基地农户制作含有农户肖像、身份证号、住址、蔬菜产地、产品认证、管辖单位等信息的"密云菜园"销售胸牌，农户直接挂上胸牌、带上检测合格单在密云区的早市、五街市场等地进行销售，消费者根据胸牌区分蔬菜产地及认证等级，确认购买不同认证级别产品。挂牌直销是基地蔬菜主要销售方式，也是基地固有销售模式的一种有效补充，年销售蔬菜150万千克以上。

（三）绿色食品蔬菜质量安全控制能力试点的效益分析

1. 基地质量安全管理水平明显提升

通过试点建设，健全绿色食品安全生产技术标准，完善基地质量监管制度，农户安全生产的主体意识和安全生产技能得到明显提高，形成了农户间相互监督、相互制约的监管机制；构建基地诚信体系，形成"基地诚信、人人有责"的良好氛围；基地省力化机械装备水平获得提升，不仅降低农户劳动强度，也在蔬菜标准化生产中减少了人为因素的影响，为精准化贯彻执行各项生产标准打好基础。

2. 基地农户增收明显

绿色生产技术的应用使基地蔬菜质量与产量均有明显提高，经分级销售，平均销售价格比之前高0.8元/千克，仅此一项，基地年增收75万元，户均增收1万元。另外，通过试点建设，基地环境干净、整洁、美观，呈现"绿色文化、花园农业"特征，加上省力化及物理防控等现代化机械装备的展示，使试点基地在提升生产性的同时，也具有较强的观赏性和参与性，基地每周接待前来观光采摘的游客150余人，人均消费80元以上，成为基地新的增收点。

三、生产基地质量安全控制能力试点建设的几点启示

（一）效益是促进绿色食品蔬菜产业发展的原动力

绿色食品蔬菜产业发展目前受到制约的根本原因是企业和农户缺乏利益驱动，一方面是生产绿色食品蔬菜需要投入较高的成本，另一方面是受国内农产品质量安全危机影响，消费者对国内绿色食品信心不足，导致国内绿色食品蔬菜出现买难卖难的"两难"困境。如何提高企业利益、增加农户收入？笔者认为解决方法有两点，一是在保障质量安全的前提下提高蔬菜产量，这可以通过在基地推行绿色食品生产标准、提升农户生产技能来实现；二是巩固既有销售渠道，同时开辟新的销售渠道，采取不同等级分销方式，不仅能从根本上解决蔬菜滞销问题，提高产品的商品率，还能实现优质优

价，保障消费者与生产者双方利益。效益提高了，农户种植绿色食品蔬菜的意愿增强。

（二）质量是促进绿色食品蔬菜产业发展的根本

绿色食品以质量安全为第一生命线，绿色食品生产企业要根据市场需求和监管要求，从"产""管"两方面狠抓产品质量。要生产出合格的绿色食品蔬菜，就必须严格按照国家绿色食品标准进行生产；要开展技术培训、提高农户绿色蔬菜生产技能；要规范生产规程，结合基地客观实际，围绕种植品种、实用技术、机械装备和种植环境，制定合作社自有生产标准，并严格按标准要求进行生产；要提高设施园区机械化程度，由机械代替人工完成精密化作业，降低人为因素对标准执行不力的影响。生产企业要主动与县级监管部门全面合作，建立健全基地安全生产与监管各项制度，充分发挥各级监管员的监管作用和县、基地检测部门的质量安全监测作用，严格把控产品上市关。

（三）诚信是沟通绿色食品蔬菜生产者与消费者的桥梁

我国不缺乏农产品高端消费者，缺乏的只是消费信心；我们不缺少好的农产品，缺少的是优质农产品的销售通道。诚信是生产者与消费者有效沟通的桥梁，建立诚信体系，向消费者明确绿色食品蔬菜生产企业是否诚信的信息，有利于构建绿色食品蔬菜合理有序的市场秩序，有利于维护绿色食品蔬菜品牌，有利于促进绿色食品蔬菜产业的健康发展。

（四）政府支持是绿色食品蔬菜产业发展的保障

建设试点的目的是为密云区其他绿色食品蔬菜生产基地提供可学、可看、可用的全方位"复印"模板，目前全区另外8家绿色食品蔬菜生产基地仅1家为企业经营管理，其他7家均是由合作社牵头、一家一户自主生产经营，无论是环境建设、品种筛选、安全生产技术、机械装备，还是绿色食品蔬菜的加工、销售环节，每个环节都需要投入大量的资金，没有政府在资金和政策上的支持，很难全部完成"复印"工作。建议由市、区两级财政出资建立"绿色蔬菜发展基金"，将密云区其他8家绿色食品蔬菜生产基地以试点基地为"原件"进行"复印"，集中打造密云绿色食品蔬菜设施农业园集群，统筹全县绿色食品蔬菜产业发展。

参考文献

李旭.2014."三品一标"质量安全监管思路创新探讨〔J〕.农产品质量与安全（3）：21-24.

密云区统计局，国家统计局密云调查队，北京市密云区经济社会调查队.2014.北京市密云区统计年鉴 2013〔内部资料〕.

王运浩.2014.2014 年我国绿色食品和有机食品工作重点〔J〕.农产品质量与安全（2）：14-16.

修文彦，杜海洋，田岩，等.2014.绿色食品诚信体系建设探讨〔J〕.农产品质量与安全（1）：24-27.

新常态下推进绿色食品原料标准化生产基地建设的思考[*]

李　旭

（黑龙江省绿色食品发展中心）

全国绿色食品原料标准化生产基地（简称标准化生产基地）是我国近年来探索出来的一种新型的农业标准化生产模式，在保障农产品质量安全、提升农产品竞争力、推进现代农业建设、转变生产方式、改善农业生态环境、增加企业和农户收入和促进区域经济社会发展等方面发挥了不可替代的作用。在经济社会发展新常态下，如何实现和确保标准化生产基地持续健康的发展，不仅是绿色食品产业本身的问题，在一定程度上也影响到经济社会的发展，是一个关系到全局性的问题。本文通过对黑龙江省多年来实践的总结和分析，不断深化了在新常态下推动标准化生产基地建设的一些启示。

一、正视新常态下基地建设显性化的某些问题

2004 年，为适应绿色食品产业不断发展壮大的需要，黑龙江省在全国率先开展了标准化基地创建工作，得到农业部有关部门的充分肯定。经过 10 多年的探索和实践，标准化基地建设取得了显著成效。到 2014 年年底，全省绿色食品基地面积合计 7 209 万亩，其中国家级绿色食品原料标准化生产基地 6 594.3 万亩，已成为黑龙江最大的标准化生产基地。首先，加快了农业标准化进程。以绿色食品标准化生产基地建设为模式，示范带动全省按照标准化种植面积 1.5 亿亩以上，绿色食品标准化生产基地已成为实施和推进黑龙江省农业标准化的有效载体。其次，提升了农业产业化水平。通过标

---

　* 本文原载于《农产品质量与安全》2015 年第 5 期，22–25 页，发表时本文篇名为《新常态下推进绿色食品原料标准化生产基地建设举措探析》

准化生产基地的支撑，黑龙江省绿色、有机食品加工企业发展到 580 个，其中年产值超亿元的企业 80 个，分别占黑龙江省规模以上农业企业的 30.3% 和 32.2%。再次，加快了农民增收步伐。标准化生产基地建设，提高了土地产出率，基地农户每年户均增收 500 元以上，示范户增收 1 200 元以上。最后，促进了农业可持续发展。标准化生产基地建设探索出了一条合理开发利用资源、保护生态环境、促进农业可持续发展的成功之路。基地主要土壤环境指标和江河水质均优于周边地区，农田灌溉用水氨根和亚硝酸盐含量均无显示，大气环境达到国家一级水平。

标准化生产基地规模的快速扩大，在充分满足加工企业对于优质原料的需求，推动了整个产业高速发展的同时，也因其面广、点多、量大等客观实际而带来管理难度大、总体效益不显著等问题。特别是在经济社会发展进入新常态的形势下，一些隐形问题逐步显性化，一般矛盾开始尖锐化。

一是面积较大与管理人员较少相矛盾。从黑龙江省情况看，不仅标准化生产基地总量规模大，不少单体基地面积也比较大。在通常情况下，一个标准化生产基地的面积都在 30 万亩左右，有的面积则达到 50 万亩，还有少部分基地堪称"巨无霸"，面积达到 100 万亩。相比之下，标准化生产基地的专职管理人员却比较少，少的 1~2 个人，多的也不超过 3 个人，难以对整个基地监督管理到位。

二是绿色食品基地的高标准与部分农民素质不高相矛盾。据调查，在黑龙江省农村劳动力资源中，具有小学文化程度占调查的 35.1%，具有初中文化程度的占调查的 55.3%，具有高中文化程度的占调查的 5.8%；具有大专及以上文化程度的仅占调查的 1.0%，初中及以下文化程度的农业生产远远多于具有较高文化素质的生产经营者，不利于整体提高标准化生产基地农户的技术标准水平。

三是基地产品种类多与市场渠道不够宽畅相矛盾。目前，全省标准化生产基地已发展到 150 多个，涉及水稻、玉米、大豆、杂粮、蔬菜，以及肉牛、黑木耳等 13 个品种、1 900 多个产品。但"种强销弱"的问题还远远没有解决，绿色食品销售手段少，渠道狭窄，销售方式单一，信息不对称，尚未真正实现"卖得好"。

四是质量监管严要求与机制不够完善相矛盾。尽管黑龙江省标准化生产基地质量安全水平较高，但因其链条长、环节多，管理多头，导致在监管能力、队伍、技术、资金和经验等方面仍存在差距，某些要素作用不够甚至缺失，因而导致整个监管机制的效应难以充分发挥。

二、明晰新思路、新目标和新效果

新常态下经济社会发展的一个显著特征就是从高速增长转为中高速增长，经济结构不断优化升级，并从要素驱动、投资驱动转向创新驱动。因此，标准化生产基地建设必须按照"转方式、调结构"，适应新常态的总体要求，在保持基地总量规模适度增长的基础上，坚持创建与管理并举，数量与质量同步，突出品质、优化结构，在提高建设标准、放大基地作用上狠下工夫，切实做到新常态、新标准、新品质、新效果，力争通过几年的努力，真正建设一批质量标准高、管理机制先进、功能示范作用强、品牌形象彰显和经济社会效益明显的标准化生产基地。具体要达到以下6个方面的标准。

一是要把标准化生产基地打造成为农产品质量安全的示范区。今后一个时期，要通过进一步建立基础制度、强化技术手段、完善管理机制等措施，不断提升标准化生产基地的质量安全水平，不断提升基地产品的优质率，使其成为农产品质量安全的示范性基地，让绿色、有机食品龙头企业对标准化生产基地的原料省心、让广大消费者对食用标准化生产基地的产品放心。

二是要把标准化生产基地打造成为现代农业生产的"样板田"。要在现有绿色食品标准体系的基础上，围绕标准化生产基地建设和管理的需要，进一步修订一批生产技术操作规程，努力形成比较完整的基地建设和管理的标准体系和技术体系。同时，加大标准对接力度，不断提高技术标准普及率、入户率和到位率，并注意通过不断完善基地标准化体系引领和带动区域内农业标准化体系建设，促进现代农业快速健康发展。

三是要把标准化生产基地打造成为区域经济发展的"增长极"。未来一个阶段，要通过提高标准化生产基地产品的品质、标准，以及完善产业化经营机制等形式，大幅度提升基地的经济、社会和生态效益，使其成为区域内经济社会的发展极和增长点，农户从基地获得的收入，以及对财政的贡献率实现大幅度增加。

四是要把标准化生产基地打造成为推广新科技和培育新型农民的试验地。今后一个时期，要坚持高起点、高标准，大胆创新基地建设的方式和方法，积极引进先进的推进和管理机制，特别是要注意把标准化生产基地直接作为农业大专院校和科研机构的实验室、"第一车间"，及时推广和应用最新的优良品种、生产种植技术，促进先进科技与基地建设深度融合。特别是要通过标准化生产基地引进一大批新成果、新技术，培育出一大批懂技术、会经营、善管理的新型农民。

五是要把标准化生产基地打造成为新产品开发的"密集区"。今后几年，要注意把标准化生产基地建设与绿色食品产品开发认证紧密结合起来，既要通过绿色食品开发认证促进标准化生产基地建设，又要通过标准化生产基地建设带动产品认证工作。还要特别注意引导绿色、有机食品生产加工企业依托标准化生产基地原料的规模优势、品质优势和机制优势，大力开发科技含量高、低碳环保的深加工产品和系列产品。

六是要把标准化基地打造成为国内外有较大影响的品牌。要通过全方位、密集型的宣传推介活动，不断扩大黑龙江省标准化生产基地的影响力，培育品牌，树立形象，并得到国内外企业和消费者的广泛认知、认同。并力争通过标准化生产基地引进一批国内外大型农产品加工企业参与建设和管理，从而进一步壮大加工牵动群体，提升加工牵动能力。

三、把基地建设的关键点放到管住和管好"源头"上

事实证明：绿色食品"绿不绿"，关键在源头，难点也在源头。这个源头就是基地的环境和投入品。如果基地环境不合格，投入品控制不好，那么，标准化生产基地建设就有可能丧失了基础，也就难以保证产品质量。所以，建设高标准、高质量的标准化生产基地，必须坚持从基础抓起，在环境和投入品控制上不断创新思路，采取新办法，实现新目标。根据标准化生产基地面广、户多、量大等特点，强化政府作用，创新工作机制，切实在环境和"投入品"这两个环节控制上积极推进，狠抓落实，已取得了初步成效。

一是通过全面开展监测提升基地环境控制水平。把基地环境安全作为绿色食品产业发展的前提，2015 年对黑龙江省已建成的 7 209 万亩基地全部进行检测。检测项目包括基地的土壤、水和大气三类，共 25 项指标。其中土壤主要监测总镉、总汞等重金属，以及氮、磷、钾、土壤肥力等 12 项指标，水质主要监测总镉、总汞等 9 项指标；空气主要是二氧化氮、二氧化硫、总悬浮颗粒物和氟化物 4 项指标。对监测数据进行分析，撰写绿色食品基地环境状况总体评价报告，并绘制黑龙江省标准化生产基地环境质量监测图，为今后实施常态化监测奠定基础。

二是通过创新监管途径提升控制"投入品"的水平。确保产品质量安全的关键在于基地，核心是投入品监管。投入品监管工作做得好坏，直接关

系和影响基地及产品的质量。近年来，黑龙江省把控制投入品经销和使用贯穿标准化生产基地生产的每个层面和每个阶段，确保基地生产者严格按照标准使用投入品。在投入品的经销环节，进一步推广五常市王家屯合作社"统购统发"的投入品采购方式；在投入品生产环节，推进和实施了"五有"的监管措施，即有专人监管、有农技人员指导、有质量安全措施、有生产记录、有考核办法，切实提高了黑龙江省标准化生产基地投入品监管水平；在投入品使用环节，继续推广了标准化生产基地农户"联保"责任制，健全投入品公告和使用记录制度，切实把监管的各项措施落到每一个环节和每一个阶段。

四、把提升标准"到位率"作为基地建设的核心

标准化是基地建设的核心。能否实现和确保标准化生产，直接关系到基地建设的成败，必须把标准化作为核心贯穿基地建设始终。

一是标准制订系统化。推进标准化生产基地建设，必须首先建立一套比较完整的标准体系。多年来，黑龙江省根据标准化生产基地建设的需求，已制定并由省质量技术监督局颁布实施73个技术操作规程，基本涵盖基地建设的各个领域。2015年又着手对标准制定年限超过年限的57个操作规程逐年进行完善，并争取3年内完成修订工作，不断适应标准化生产基地建设的需要。

二是标准细则"乡土化"。实施和推进标准化，还要充分考虑农民的接受能力，每项标准都能让农户能看懂，能学会，能会用。黑龙江省注意按照《绿色食品生产技术规程》和《绿色食品专用生产资料推荐管理办法》，紧密结合各地实际，研究制定了操作性强的绿色食品生资管理和使用制度，如"明白纸""操作历"，并与推荐使用、禁止使用的投入品清单和绿色食品原料生产技术要点等资料一并下发到基地乡镇、村和农户，要求各基地单元必须按照规程和质量标准严格组织生产。做到什么投入品产品可用、什么生资不能用，以及怎么用，用多少，农户一看就清楚、就明白，易懂宜记，方便适用。

三是培训形式多样化。采取省级集中培训和市县分散培训相结合的方式，多层次、多途径开展标准培训，及时把先进的生产技术转化为基地建设的成果。为确保技术规程的"入户率"和"到位率"，有针对性地开展了以"实施主推技术、推广主导品种、农民主体培训和实施标准化"为主要内容

的"三主一化"培训，切实提高了基地农户科技素质。每年春耕前黑龙江省基地培训农民 200 多万人次，做到每户都有标准化生产技术的明白人。在基地春耕整地、播种、水稻大棚育秧等关键环节，采取召开现场会、举办培训班等多种形式推进工作，总结推广各级各类典型，以点带面，促进标准化水平整体上升。

四是示范推广全面化。根据农户重直观、善仿效的特点，狠抓典型示范带动。2015 年黑龙江省重点建设了 28 个绿色、有机食品示范基地，涉及水稻、玉米、大豆、马铃薯、杂粮、瓜果等多个品种。示范基地以落实标准化为核心，以农民合作社为依托，采取"标准生产、封闭加工、定点销售、质量承诺"的运行机制，在标准化生产、绿色病虫草害防控、生产全程可控和质量安全可追溯等方面进行试验示范，做给农民看，引领农民干，进一步提高了标准"到位率"。

五、通过提升产销"对接率"不断增强基地发展的活力

市场是制约标准化生产基地持续健康发展的重要因素，必须坚持"反弹琵琶"，努力实现"种得好"向"卖得好"转变，并由"卖得好"倒逼"种得好"。特别是 2015 年，黑龙江省以基地产品为重点，以市场需求为导向，采取多种形式、多渠道、多手段，全力促进基地产品与市场直接对接。

一是通过组织经贸交流开展对接。2015 年年初以来，黑龙江省先后组织和承办了黑龙江绿色食品（北京）年货大集、黑龙江省春季农产品产销对接暨市场形势分析活动、黑龙江（韩国）经贸合作推介会、黑龙江（香港）绿色有机食品产业经贸交流会、第九届中国有机食品博览会 5 个国内外大型经贸活动，签约额近 50 亿元，有效促进了绿色、有机食品生产基地与市场"对接"。

二是通过拓宽销售渠道开展对接。以拓宽基地产品"出口"为目标，黑龙江省经过认证的绿色食品专卖店已达 23 家。积极引导企业和合作社进入大型超市，设立销售专区（专柜），开辟基地产品销售新途径。以开展"十县百企千社"活动为载体，组织 10 个基地县、100 家绿色食品企业、1 000 个合作社的产品进入北京的全国农业展览馆黑龙江展销中心，集中销售，优势互补，扩大了基地产品在京津冀地区的销售量。

三是通过"互联网+基地"开展对接。2015 年以来，以"黑龙江省农

产品质量追溯平台"为载体，组织各地开展基地数据收集整理，着手将基地环境、监测数据、投入品使用、生产记录等各环节信息纳入互联网平台，努力实现"线上推介与线下体验"相结合，不断扩大基地产品市场占有率。上半年仅进入"黑龙江省农业电子商务平台"的基地产品就达 700 多个，实现销售额 400 万多元。

四是通过扩大品牌影响促进"对接"。在中央和省等主要媒体开设专版、专栏，发布广告，并在主要交通要道以打广告等形式，持续开展标准化生产基地整体形象宣传活动，努力打造一批具有各地特色的黑龙江绿色食品品牌群体，初步在国内外达到认知、认同。

六、通过建立和完善制度实现基地持续健康发展

机制是确保基地健康发展的根本。2015 年以来，黑龙江省在建立健全基地建设和管理制度的同时，积极在形成长效机制上进行探索，努力实现标准化生产基地建设从依靠"人治"到依靠"法制"。

一是建立了基地专项检查制度。为进一步强化基地建设主体责任，强化规范监督管理，采取县级自查、市级检查、省级抽查的方式，对黑龙江省现有的基地进行全面检查，重点检查了建设主体责任落实、标准化生产实施与管理、投入品使用与监管、生产记录手册及龙头企业对接等情况，在检查中，发现了基地建设上存在的诸如"重建轻管""对接不紧"等问题，已有针对性地制定提出了解决措施。

二是推动了质量追溯制度建设。帮助合作社和基地制定了质量追溯流程，指导他们完成以生产记录为主的档案体系建设，为进入质量追溯平台做好准备。按照"先易后难，逐步实施"的原则，积极组织绿色食品、有机食品企业进入质量追溯平台，2015 年争取使全部有机食品、大部分绿色食品的企业和产品进入平台，黑龙江省还要求拟认证的企业和产品实现质量可追溯，先进入平台后方可受理申报。

三是继续探索了基地和企业退出机制。对出现质量安全问题的基地和企业，取消认证资格；对出现重大质量事故的基地和企业，禁止其再进入绿色食品生产行列。

参考文献

陈松，周云龙.2014.新形势下农产品质量安全监管难点分析与对策建议［J］.农产

品质量与安全（3）：12-15.

陈晓华 . 2012. 在全国农产品质量安全监管工作会议上的讲话［J］. 农产品质量与安全（3）：3-8.

邓雪霏 . 2013. 黑龙江省"三品"质量安全监管机制创新初探［J］. 农产品质量与安全（6）：22-25.

高文 . 2012. 强化监管提升品牌公信力［N］. 农民日报，2012-09-24（02）.

韩玉龙 . 2012. 绿色食品文化与品牌培育探讨 . 农产品质量与安全（4）：14-17.

黑龙江省人民政府 . 2013. 黑龙江省绿色食品产业发展纲要［内部资料］.

金发忠 . 2013. 关于农产品生产源头安全性评价与管控的思考［J］. 农产品质量与安全（3）：12-14.

马爱国 . 2015. 新时期我国"三品一标"的发展形势和任务［J］. 农产品质量与安全（2）：3-5.

王运浩 . 2015. 推进我国绿色食品和有机食品品牌发展的思路与对策［J］. 农产品质量与安全（2）：10-13.

王运浩 . 2010. 绿色食品标准化基地建设探索与实践［M］. 北京：中国农业出版社 .

王运浩 . 2014. 2014 年我国绿色食品有机食品工作重点［J］. 农产品质量与安全（2）：14-18.

中华人民共和国农业部 . 2011. 农产品质量安全发展"十二五"规划［J］. 农产品质量与安全（5）：5-9.

中华人民共和国农业部 . 2012. 绿色食品标志管理办法［J］. 农产品质量与安全（5）：5-7.

朱佳宁 . 2011. 黑龙江省绿色食品标准化基地建设探索与实践［M］. 黑龙江：黑龙江人民出版社 .

家庭农场发展绿色食品的制约
因素及对策研究*

沈群超[1]　蒋开杰[1]　吴愉萍[2]　吴华新[1]

(1. 慈溪市农业监测中心；2. 宁波市农业环境与农产品质量监督管理总站)

　　绿色食品即产自优良环境、按照规定的技术规范生产，实行全程质量控制，产品安全、优质并使用专用标志的食用农产品及加工品。绿色食品是为实现农业可持续发展、满足消费者健康优质生活的产物，是具有广阔市场发展前景的产业。

　　慈溪市自 2002 年鼓励引导绿色食品的发展，经过 10 余年的征程，经历了起步的艰难和中期的盲目，开始步入稳定期。认证主体从开始的农产品加工企业向家庭农场扩展。家庭农场由于主体明确、责任清晰、规模经营等优势，成为产品质量保证的代名词。绿色食品作为优质农产品品牌代表，吸引更多的家庭农场加入品牌农业的创建是大势所趋。然而根据目前绿色食品的发展状况分析，家庭农场在绿色食品创建中仍然存在着诸多的障碍，发展并不顺利。本文以慈溪市为例，分析制约家庭农场发展绿色食品的原因，并提出相应的对策措施，为"十三五"期间农业的绿色、可持续发展提供参考。

一、家庭农场绿色食品认证现状

　　慈溪市是浙江家庭农场的发源地，是全国家庭农场五大范本之一。2001 年 7 月 9 日，慈溪市周巷镇农户桑建鸿注册成立了浙江省第一家家庭农场——慈溪市周巷镇建鸿果蔬农场。截至 2014 年年底，慈溪市经工商登记注册的家庭农场有 1 117 家，其中 50 亩以上家庭农场 506 家，总经营面积超

　　* 本文原载于《农产品质量与安全》2015 年第 6 期，11-13 页

过 14 万亩。2012 年慈溪市家庭农场实现产值 11.7 亿余元，占全市农业总产值的 23%，农场亩均产出比普通农户高出 30% 以上。

家庭农场在绿色食品认证中起步较晚，始于 2007 年。近 10 年共有 30 家家庭农场加入绿色食品申报队伍，占绿色食品认证主体的 37.5%，但是仅占家庭农场数量的 2.7%，这些认证主体的负责人，90% 以上为原来的农产品经纪人，一方面文化程度较高，管理规范，对政府的政策、市场的变化有较高的敏锐度，另一方面对品牌农业和农产品质量安全有较高的认知。家庭农场已认证绿色食品 50 个，占认证产品总数的 32.7%，但是从近年续展、年检情况分析，继续实施绿色食品生产的后劲不足，截至 2015 年 6 月，仅有 14 个产品处于有效期内，有效率仅为 28%。

二、家庭农场发展绿色食品的制约因素

（一）思想文化制约

慈溪的家庭农场起步于 2001 年，农场负责人年龄普遍在 45~55 岁，初中占 40%，高中占 20%，虽然与其他务农人员相比，具有较高的文化水平，但是仍然以追求最大化的经济利益为主要目标，社会责任感不强，对于产品的品牌和质量，也仅以保证不出农产品质量安全事故为限，导致家庭农场从事绿色、生态农业生产的意识不强。

另外，田间生产管理是粗放型管理，负责人能说会种，但是转换成文字的能力较弱，而绿色食品鉴于管理和全程质量控制的要求，注重记录的完善、档案的收集，制度的制定落实等，是细致型的工作，对生产者的管理能力提出了新要求。

（二）生产规模制约

由于受到土地流转和家庭成员为主的管理方式的限制，家庭农场的规模难以做大。现有家庭农场，100 亩以下为主，占 56.8%，100~500 亩占 38.1%，500~1 000亩占 3.6%，1 000亩以上占总数的 1.5%。虽然绿色食品没有明确的规模要求，但是为凸显区域化的品牌优势，创造良好的社会、经济、生态效益，一般要求露地在 100 亩、设施在 50 亩以上。以草莓、樱桃、番茄等经济效益较高的产品为例，由于用工和销售风险的限制，经营范围均控制在 20 亩以下，整体的区域带动能力较低，不被地方部门推荐。从硬件方面分析，由于政府对农用地的限制和自身资金方面的问题，规模较小的家庭农场，难以建设农资仓库、办公用房、产品包装间等设施，使绿色食品各项制度的落实和实现存在难度。

（三）经济效益制约

优质优价的市场行为主要依赖地域特色产品，如"西湖龙井""东北大米"等，针对单一的绿色食品市场氛围尚未形成。虽然不少消费者表示愿意购买绿色食品，但是基于对产品缺少信任度，在实际选择时，仍然被价格、外观等更为直观的表象左右。政府在推动绿色食品发展方面，更为注重农产品加工业，而家庭作坊式的农产品生产方式，创造的产值不高，规模化效应不明显，缺少光鲜亮丽的外表，政府扶持力度削弱。

而家庭农场从事绿色食品生产，须遵循相关标准和全程的质量控制体系，增加了产品的综合成本，经济效益空间的减少削弱了生产企业认证绿色食品的积极性，也导致了家庭农场创造的绿色食品缺少生命力。

（四）生产技术制约

由于交通运输的发展、城镇化的推进和工业的发展，符合绿色食品果蔬生产要求的生产区域逐渐缩小，绿色食品畜禽的发展又受到绿色食品生产资料和非转基因蛋白质饲料数量的双重限制。

同时家庭农场主要从事鲜活农产品的生产，由于生产环境和气候因子的变化，生产过程存在不可复制，这与绿色食品所要求的稳定的农业投入品、产量存在一定程度上的矛盾。以小白菜为例，品种多，全年均可种植，不同季节产量、病虫害发生情况、生长周期均有较大的变化，这些变化给绿色食品申报带来了难度，也是绿色食品质量安全中存在的潜在不稳定因素。

（五）市场环节制约

家庭农场主要从事的是生产活动，销售是其薄弱环节，部分与农产品加工企业签订订单，部分通过农民专业合作社或收购商进入流通领域，市场和收购单位均未对产品的级别提出要求。虽然政府一直积极推进市场准入机制，但离目标实现仍存在一定距离，因而绿色食品特别是初级农产品进入市场的优势并不明显，从而造成家庭农场对绿色食品申报积极性不高。

国内城市尚未出现营运良好的高端鲜食农产品市场或专柜，初级农产品仍为散装销售为主，易与普通产品混淆，不符合绿色食品要求。家庭农场所生产的绿色食品以初级农产品为主，虽有市场需求但是受到农产品季节性供应的限制，难以实现稳定的消费市场群。市场的制约也是政府陷入推动绿色食品发展的被动局面的主因。

二、对策建议

（一）加强科普宣传力度，提高绿色食品认知

利用各种主流媒体，包括电视、微博、微信，提升绿色食品科普宣传力度，引导更多的人认识绿色食品的含义，了解绿色食品的生产过程，将观念从绿色食品销售提升到绿色理念销售，充分调动生产企业从事绿色食品发展的社会责任感，提高消费者绿色消费意识，由生产者和消费者共同推动绿色食品的发展，赋予绿色食品新的生命力。

（二）优化政府引导，搭建家庭农场与企业间的绿色食品销售平台

在今后较长的一段时间内，绿色食品的发展仍然需要沿用"政府驱动"，但驱动方式应由单一的扶持生产主体向扶持销售主体转变。建议在超市、果蔬销售企业设立专柜，宣传和销售家庭农场所生产的绿色食品，形成绿色食品的消费氛围；鼓励家庭农场和加工企业形成绿色食品生产加工契约联盟，衍生绿色食品生产链，提高绿色食品附加值；发挥农业龙头企业在绿色食品产业发展中的关键作用，生产和收购绿色食品，从收购和销售环节鼓励绿色食品的生产。

（三）规范家庭农场建设指标，开展家庭农场分级评定

家庭农场不是简单的"一家人＋一块地"，应逐步定位为管理有制度，生产有技术，产品有保障，安全可追溯的一个生产主体。鉴于目前已经形成的较大数量的家庭农场，推动家庭农场升级行动，并从制度落实到生产管理提出更为详细的要求，开展分级评定，A 为优，可从事绿色食品、有机食品生产，B 为良，可从事无公害农产品生产，C 为合格，可从事一般农产品生产，也是家庭农场准入的标准，D 为警戒，按期完成整改升级为 C，否则取消家庭农场资格，定为一般种植（养殖）户，并与各级部门的扶持政策相衔接。

（四）健全绿色食品监管队伍，提升绿色食品诚信度

绿色食品涉及农、畜、水产品及其加工品，认证过程包括生产、加工、包装等环节，专业跨度大，监管涉及农业、工商、技术监督等多个部门，各级人民政府应集结各部门专家甚至吸收职业打假人，开展具有一定声势的绿色食品执法检查活动，将假冒绿色食品生产行为列入破坏农产品质量安全的行为，从重打击，提升绿色食品生产企业的诚信度和警觉性，塑造过硬的绿色食品品牌形象，形成良好的绿色食品市场。

（五）鼓励家庭农场抱团发展，提升产品区域优势

通过农民专业合作社、农业龙头企业的牵线搭桥，改变家庭农场单打独斗的局面，形成"合作社+家庭农场"或"龙头企业+家庭农场"的契约型生产经营模式，家庭农场负责做大做强生产，合作社和龙头企业负责做大做强销售，为产品的长远利益结成同盟，形成有地域优势的绿色农产品品牌。

（六）改进生产技术模式，推动绿色生资发展

以增产为主的技术研究向绿色生产研究转变，加大有机生物肥、生物农药、绿色防控技术研究，推动农畜间循环生产；开展绿色食品精深加工技术研究，扩大绿色食品加工类型，实现产业附加值的提高。

鼓励和支持绿色食品生产资料的发展将是今后一段时间的主要任务。2015年拜尔公司就有6种常用农药通过绿色食品生产资料认证。作为地方政府，应及时更新绿色食品生产资料名录，开辟绿色食品生产资料经营专柜，为家庭农场生产绿色食品提供便利。

家庭农场生产的鲜活农产品，是食用加工品的生产原料，更是百姓每日必需的消费品，促进家庭农场绿色食品的发展，是消费者生活的需求，是农业生态发展的趋势，更是食品安全发展的重要保障，扶持和引导家庭农场绿色食品的发展，是今后农业发展的一项长期战略任务。

参考文献

陈道平，童荣兵 . 2015. 科学培育壮大家庭农场，推进现代农业集聚发展 [J]. 浙江现代农业，2：25-27.

宫凤影，周大森，马卓 . 2015. 我国绿色食品种植业产品风险管理初探J]. 中国食物与营养，21（1）：20-22.

郭春平 . 2015. 探究我国发展家庭农场的现状和问题及政策建议 ［J］. 农业与技术，35（4）：214.

刘香香，魏鹏娟，王旭，等 . 2014. 广东省绿色食品发展现状与对策建议 ［J］. 广东农业科学，21：188-191.

宋德军 . 2012. 中国绿色食品产业区域竞争优势评价及空间分布研究 ［J］. 兰州商学院学报，28（5）：65-74.

宋国宇，尚旭东，李立辉 . 2013. 中国绿色食品产业发展的现状、制约因素与发展趋势分析 ［J］. 哈尔滨商业大学学报，133（6）：15-24.

孙威，崔玉艳，蓝管秀锋 . 2015. 基于消费者购买行为的绿色食品影响因素研究——以新乡市消费者为例 ［J］. 消费导刊，2：3-5.

王德章 . 2013. 中国绿色食品产业区域竞争力提升思考 ［J］. 商业时代，19：126-127.

吴愉萍，李永华，连瑛，等 . 2011. 宁波市种植业无公害农产品生产主体现状的调查研究 ［J］. 浙江农业科学，5：983-987.

吴愉萍，吴降星，连瑛 . 2011. 宁波市"三品一标"发展现状与对策分析 ［J］. 农产品质量与安全（4）：18-19.

邢台市绿色有机农产品
发展现状、问题及对策研究[*]

宋利学　韩风晓

（河北省邢台市农业局）

一、邢台市绿色有机农产品发展现状

近年来，邢台市农产品认证步伐逐步加快，一方面源于农产品的生产者和消费人群农产品质量安全意识普遍提高，对于认证农产品的市场预期和消费愿望大幅增强，认证基础和消费人群已经形成；另一方面，得力于政府对农产品认证工作的大力扶持，在无公害农产品、绿色食品和有机农产品认证费用实行认证后补贴，有效推动了农产品认证工作开展，调动了农民、公司、协会等对产品进行认证的积极性。

无公害农产品认证增速迅猛，认证面积由 2008 年的 8 300 公顷发展到 27 530 公顷，认证产品由 9 个发展到 122 个。目前，邢台市绿色食品生产企业发展到 26 家，认证绿色农产品 63 种（件），认证面积达到 2 860 公顷，产量达到 6.7 万吨；有机农产品认证企业 7 家，认证有机农产品 27 种（件）；认证地理标志农产品 6 个。

（一）农产品生产状况分析

绿色食品、有机农产品面积比重很小。无公害农产品面积占耕地 4.2%，占蔬菜面积 39.3%。绿色农产品占耕地面积仅 0.4%，占蔬菜面积仅 4.1%，有机农产品占耕地面积的 0.2%，占蔬菜面积的 1.9%（表）。

＊ 本文为 2013 年度邢台市社会科学规划课题，序号为 XTSK13126

表 邢台市农产品生产面积及产量分析

项 目	面 积（万亩）	产 量（万吨）	占耕地面积比重（%）	占蔬菜面积比重（%）	产量及占蔬菜产量比重（%）
耕 地	973.6				
蔬菜（播种）	105	350	10.8	100	100
无公害农产品	41.3	90	4.2	39.3	25
绿色食品农产品	4.3	6.7	0.4	4.1	1.9
有机农产品	2	2.5	0.2	1.9	0.7

（二）认证品种比例分析

据统计，2013 年邢台市粮食总产量 520 万吨，干鲜果品产量 100 万吨，蔬菜产量 350 万吨，认证绿色食品方面蔬菜比重占具绝对优势，而产量较大的粮食和干鲜果品却比重很小（图）。

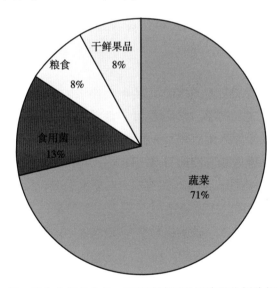

图 邢台市绿色食品、有机农产品认证产品比例分析

（三）认证加工企业结构

认证企业结构呈现单一化，其中小食品企业与农民专业合作社多，大型食品企业少；初级与初加工产品多，精深加工产品少。邢台市有金沙河面业、圣马法式葡萄酒庄、隆尧小麦富民专业合作社和金田源种植专业合作社

4家认证加工企业和合作社，其中3家认证的是小麦及初加工产品，28个系列加工产品中，27个是小麦粉及挂面产品，1个是干红葡萄酒，蔬菜加工产品空白。

二、邢台市绿色食品、有机农产品 SWOT 分析

运用SWOT即态势分析法，对邢台市绿色、有机农产品产业发展进行分析，能够更加全面地审视该产业的整体状况、存在问题和发展趋势。

（一）优势分析（Strengths）

1. 自然环境

邢台市地处太行山脉和华北平原交汇处，自西而东山地、丘陵、平原阶梯排列，三者比例2：1：7，以平原为主，邢台属温带大陆性季风型气候区，光照充足，四季分明，适宜种植多种农作物。全市耕地面积625 066公顷，按农业资源区划可分为西部太行山区、中部滏西平原区和东部黑龙港低平原区。

2. 交通区位

邢台市处于承东启西、沟通南北的中部经济带和环渤海经济隆起带上，境内有京广铁路、京九铁路、京武高铁、邯黄铁路，京珠高速、大广高速、106国道、107国道纵贯南北；邢和铁路、青银高速、邢临高速和邢汾高速横穿东西，以邢台为中心的400千米半径内，有北京、天津、郑州、济南、石家庄、邯郸六大机场，位于市区南部15千米的邢台机场即将重新开通。四通八达的交通网络为农产品的加工、销售、出口提供了便利的物流条件。

3. 农业基础

邢台是一个传统的农业大市，全市总人口688.44万人，其中农业人口588.7万人，占85%。全市拥有6个国家级粮食生产基地县，宁晋县被命名为"中国鸭梨之乡"、省级优质梨生产基地，邢台县被命名为"中国板栗之乡"。此外，邢台市名优农产品众多，例如，内丘"富岗"牌苹果、临城"绿岭"牌薄皮核桃、邢台板栗和"浆水"牌苹果，巨鹿串枝红杏、枸杞和金银花，宁晋雪花梨、鸭梨和"孟都"牌食用菌，隆尧泽畔藕和鸡腿大葱，南宫"银洁"牌韭菜和"银宫"牌棉花，南和"和阳"牌西葫芦等农产品。特别是"富岗"苹果、"浆水"苹果、"绿岭"薄皮核桃、"今麦郎"

方便面、"千喜鹤"冷鲜肉、"兴达"饲料等知名品牌农产品享誉全国。目前，已经形成了环邢台市区蔬菜产业示范带、106 国道高效蔬菜产业示范带和 308 国道食用菌产业示范带。

"十二五"期间，邢台市农业生产综合实力不断增强，2013 年，粮食总产522.9 万吨，油料总产 16.79 万吨，蔬菜总产 359 万吨，产值 56 亿元，肉、蛋、奶总产分别达到 45.16 万吨、56.39 万吨和 39.57 万吨，水产品总产 0.93 万吨，完成农牧业产值 430.46 亿元。

4. 政策环境

在中央强农惠农富农政策不断完善，农村改革不断深化的大政策环境下，加之"环首都经济圈""环渤海""京津冀协同发展"的发展战略的实施，使邢台市绿色有机农产品发展面临难得的机遇。近年来，邢台市委市政府对现代农业发展和农产品质量安全工作十分重视，2008 年 7 月即发布了《邢台市农产品市场准入实施方案》，绿色、有机农产品产业作为现代农业的重要组成，具备了良好的政策基础。

（二）劣势分析（Weaknesses）

1. 品种单调规模小，缺乏统一协调

认证品种为蔬菜、水果等，单调的品种不能满足消费者多种多样的需求，制约了绿色食品市场的发展。邢台市绿色有机农产品企业大部分为小型企业，普遍属于单打独斗的分散生产经营状态，处于初级产品的粗加工阶段，每个企业各自立足于自己的认证产品生产、销售，不同企业认证品种各不相同，各企业之间缺乏必要的联系，难以形成合力，规模化、集约化的生产经营模式发展受阻，没有形成统一协调、统筹发展的战略规划，难以形成适应市场化、规模化经营的要求。

2. 品牌意识弱，发展速度缓慢

大多农产品企业品牌意识普遍偏弱，一方面源于从业农民的企业管理素质水平不高，小农意识导致对于做大做强绿色有机农产品产业的决心和信心不强，另一方面由于当前绿色食品、有机农产品发展仍处于初级起步阶段，邢台市绿色食品、有机农产品龙头企业较少，多数企业基本处于规模较小的小型企业或一家一户式的经营模式，组织化程度低，示范带头和引领作用不明显。此外小型企业资金积累困难，缺乏创立品牌、推动品牌发展的资本实力，甚至以牺牲企业信誉为代价争夺抢占市场的现象仍有发生。

3. 消费人群有限，销售渠道缺乏

绿色食品、有机食品生产经营分散、缺乏统一的协调组织，产品跨地区经营困难。绿色食品、有机农产品占农产品产量比重较小，邢台市绿色有机农产品行业没有形成规模化产业，产品销售渠道少，产销受到影响，对于个别发展势头较好的企业，得益于拥有北京、上海等经济发达或沿海城市的大型超市、农贸市场的销售渠道，而不具备渠道或渠道单一的企业，则面临市场压力巨大。绿色与有机农产品的高成本，客观上要求必须面向高端农产品市场，本地、本省市场有限，省外、国外市场的开拓对于小型生产企业来说，仅靠参加农产品交易会等形式，实现起来较为困难，政府对于绿色与有机农产品拓展市场的推动力度有限。

（三）机遇分析（Opportunities）

1. 有法可依，市场环境日趋规范

《中华人民共和国食品安全法》《中华人民共和国农产品质量安全法》《农业部绿色食品管理办法》等一系列关乎农产品质量安全的法律法规相继颁布实施，对于满足全社会对农产品品质的需求提供了保障，同时也为进一步净化和规范农产品市场环境提供了法律依据，为绿色有机农产品的发展壮大提供了法律保障。

2. 符合国情和农业发展方向

生态环境的不可替代性和不可移动性，使之成为 21 世纪最宝贵的资源，是资金、技术、人才等流动性资源趋附的最可靠的空间载体。保护生态环境、保持农业生产可持续发展、保障人民饮食安全是当前我国面临的重大课题，也是绿色食品、有机农产品发展的现实和深远意义，绿色食品、有机农产品的发展是促进农业产业结构调整，提高农产品生产附加值，增强农产品及其加工产品的国际国内市场竞争力，实现强农富农惠农政策的重要途径，符合国际国内农业发展方向，对促进优质农产品基地建设、农产品精深加工、农民增收以及区域经济发展发挥的积极作用日益明显。

3. 国际国内市场前景广阔

目前，我国人均可支配收入水平不断提高，人们对农产品的消费安全意识也不断增强。数据显示，2013 年中国人均国民收入 6 700 美元，已由长期以来的低收入的国家步入中高收入国家的行列，人们的物质生活水平显著提高，对饮食安全的考虑更多更全面，无毒无公害、环保无污染、高品质、高

营养的绿色食品与有机农产品越来越被人们所接受和青睐，有充分证据表明，有机蔬菜和水果比普通蔬菜和水果含有更多的化合物，更有利于人类的健康。

（四）威胁分析（Threats）

1. 绿色壁垒

在国际贸易领域中，一些国家凭借其科技优势，以保护环境和人类健康为借口，以限制进口来保护本国市场为目的，通过立法或制定严格的强制性技术法规和环保标准，对国外商品进行准入限制，它是新的变相的非关税壁垒的一种形式，并已经逐步成为国际贸易政策措施的重要组成部分，通常称之为"绿色壁垒"。而我国的绿色食品是根据现有国情开发的，其质量标准并不与国际接轨，因此，一方面绿色食品的出口受阻，另一方面即使品质提升，出口过程中也不被视为优质产品，在价格上也与普通农产品无异。对于农产品中安全系数最高的有机农产品，虽可能成为绿色壁垒的突破口，但由于农产品要进入有机产品的行列，要经过3年的转换期、每年的飞行检查等严格考核，目前，有机农产品认证比例很少，难以规模化推广。

2. 生态环境

对绿色有机农产品生产而言，要求的生产环境相对较严格，由于工业三废、生活垃圾等污染物的不合理排放，形成了对大气、地表水、地下水、产地土壤等污染隐患，由于环保意识不强，一些地区在开发农作物的同时往往破坏了原有生态农业环境，造成了不可挽回的损失。这些对绿色食品与有机农产品生产环境构成了威胁。

三、发展建议与对策

（一）强化政府职能，加大政策扶持力度

政府要在绿色、有机农产品发展上出台切实有效的优惠政策，通过对认证企业实行认证费用补贴、减免税费、行政手续简化、组织技术培训服务、提供展销推介平台等扶持政策，调动社会认证积极性，制定统一发展平台，发挥政府战略指导作用。

（二）构建产业格局，发挥龙头带动作用

建议邢台市将推动绿色食品、有机农产品产业发展列入到全市现代农业产业规划中，在蔬菜产业、特色种植、无公害农产品基地相对集中的县市，依托现有绿色食品、有机农产品生产和加工龙头企业，重点规划建设绿色食品、有机农产品产业园区，形成集原料基地、食品加工、冷链物流、专业营销等为一体的综合性产业基地，借助龙头企业在产、销、科技创新的等各环节资源优势，利用产业极化、聚化效应，带动、辐射和扶植周边中小型企业，甚至全市绿色食品、有机农产品产业发展。正确处理好生产基地、加工企业和销售公司三者利益关系，要克服小农经济分散性，建立"科技+公司+基地+农户"的规模发展，要广泛吸引资金，借鉴发达国家经验，走规模生产、经营之路。

（三）推动科技创新，引领产业提档升级

借鉴国际、国内成功模式的先进发展经验，增强科技创新是产业发展原动力的意识，加快人才和技术引进，摆脱局限于原材料和初级产品的现状，推进绿色食品、有机农产品深加工、精加工的转化进程。通过科研机构、大专院校、龙头企业、社会化服务组织相结合的绿色食品科技新体系的建立，全面推进产、学、研相结合的绿色食品生产、加工、包装和贮藏等关键技术的联合攻关，加快科技成果转化，促进产业化发展。

（四）加强招商引资，壮大产业发展规模

搞好金融支持体系建设，为绿色农业的发展提供启动信贷担保、中长期贷款及低息贷款。创新多元化、多层次、多渠道的投融资渠道，广泛引导个人、集体、企业主、外商等独资或合资参与，实现投资主体的多元化。创新建设农户、基地、公司联合发展模式，逐步扩大产业覆盖面，吸引更多的农业资源，向高产值、高收益的绿色食品、有机农产品生产集中。

（五）挖掘特色品种，打造地域核心品牌

邢台市有众多具有浓郁地方特色的农产品，但享誉河北省、全国的农产品屈指可数，应树立强烈的品牌意识，深入广泛的筛选、培育和保护地方特色的农产品品牌，对于具备发展潜力的要重点扶植壮大，扩大农产品在国内、国际的知名度和美誉度，打造邢台特色品牌。

综上所述，邢台市绿色食品、有机农产品产业尚处于初级发展阶段，邢台市是传统农业大市，粮食、干鲜果品、蔬菜等生产规模大，基础好，特别是无公害农产品认证规模发展迅猛，农业基础、区位交通、自然气候、政策环境等方面明显优势，随着邢台市现代农业的不断结构调整和转型升级，政府部门的推动扶持，绿色食品、有机农产品必将迎来广阔的发展前景。

参考文献

陈应琪 . 2007. 对我国绿色食品市场发展现状的观察、思考、展望 [J]. 山东食品科技（3）：32-33.

贾乃新，刘海风，王晓萍，等 . 2002. 对有机食品、绿色食品和无公害食品发展问题的探讨 [J]. 中国农业资源与区划，23（5）：60-62.

蒋莉，等 . 2005. 我国企业如何应对绿色国际贸易壁垒 [J]. 安全、健康和环境（11）：10-12.

刘振江，相静波 . 2005. 国内外有机食品的发展现状及前景 [J]. 食品科技（12）：1-3.

毛建兰 . 2007. 我国绿色食品市场现状的探讨 [J]. 农技服务（8）：15-17.

宋碧安 . 2008. 浅谈我国绿色食品发展现状与对策 [J]. 硅谷（8）：8-9.

张东送 . 庞广昌，陈庆森 . 2003. 国内外有机农业和有机食品的发展现状及前景 [J]. 食品科学（8）：188-191.

张萍 . 2011. 浅议我国绿色食品产业发展的问题及对策 [J]. 中国集体经济（5）：25-26.

张希良，刘占兴，朱佳宁 . 2001. 绿色食品发展战略研究 [M]. 北京：中国致公出版社 .

张志华 . 2001. 我国绿色食品市场发展存在的问题与对策分析 [J]. 农业经济问题，6：24-27.

无公害农产品与绿色食品
从业人员培训现状与分析

高宏巍[1]　王　南[1]　孟　和[2]　何三鹏[1]　李瑞红[1]

（1. 上海市农产品质量安全中心；2. 上海交通大学农业与生物学院）

　　由农业部农产品质量安全中心和中国绿色食品发展中心分别主导开展的无公害农产品与绿色食品从业人员教育培训活动，为提高我国农业"三品一标"（绿色食品、有机产品、无公害农产品、农产品地理标志）人才队伍建设作出重要贡献，同时为推动我国农业标准化建设起到了积极作用。但随着无公害农产品与绿色食品认证数量的不断增加、规模的不断扩大，现有的教育资源已经不能满足和支撑经济社会对"三品一标"人员培训的需求。无公害农产品与绿色食品从业人员培训在体系构建、课程设置、教材开发、师资培养等方面也暴露出教学体系不够健全，课程设置针对性不强、覆盖面不广，教材理论性有余、实践性不足，师资力量相对薄弱等方面的问题。因此，迫切需要全面调研我国现有无公害农产品与绿色食品从业人员培训现状，分析影响和制约我国无公害农产品与绿色食品从业人员培训发展的因素，以便为科学有效地解决培训中存在的相关问题奠定基础，进而更好地促进我国"三品一标"事业的健康发展。

一、调研对象和内容设计

　　本文选择无公害内部检查员、检查员和绿色食品内部检查员3类培训作为调研对象，通过发放、回收调查问卷的形式了解相应培训现状，以及学员对培训内容、师资等方面的潜在需求。在调研工作中，首先借助相关文献资料，设计调查问卷；其次，通过对无公害农产品与绿色食品从业人员的随机访谈，锁定调查范围，修改调查问卷；最后，通过在相应培训过程中发放、回收问卷来获取相应信息及数据。本文的调研对象为在上海市举办的"三品一标"相关培训（表1）。

调查问卷的内容设计，一方面，通过对培训方的办事效率、培训服务、业务能力等的总体评价，以及对培训教师的教态、仪表、教法的评价进行统计，以评估现有培训服务体系及教师能力的现状。另一方面，通过对开放性问题（例如，您认为对"三品一标"的管理和培训工作方面最突出的问题是什么？如何改进？）的有效回答，来获取无公害农产品与绿色食品从业人员对理想的培训师资、培训形式、教学内容等方面的需求。综合两方面情况，分析得出限制"三品一标"教学培训的因素。

表1　2014年度上海市举办"三品一标"相关培训统计

名　称	地　点	时　间	人　数（人）	培训对象
上海市无公害农产品检查员培训班	金山区	2014年5月5日	200	无公害农产品检查员
上海市首期无公害农产品内部检查员培训班	浦东新区	2014年5月28日	200	无公害农产品内部检查员
上海市第二期无公害农产品内部检查员培训班	崇明县	2014年6月26日	86	无公害农产品内部检查员
上海市绿色食品检查员、监管员及内部检查员培训班	崇明县	2014年7月15—17日	408	绿色食品检查员、监管员（123人），内部检查员（240人），其他（45人）
上海市第三期无公害农产品内部检查员培训班	闵行区	2014年8月6日	220	无公害农产品内部检查员
上海市第四期无公害农产品内部检查员培训班	金山区	2014年9月26日	208	无公害农产品内部检查员

调研共发放问卷660份（其中无公害内部检查员220份、检查员200份，绿色食品内部检查员240份），回收有效问卷391份（其中无公害内部检查员90份、检查员116份，绿色食品内部检查员185份），问卷回收有效率为59%。

二、调研结果和分析

（一）对培训的总体评价

通过对回收的有效信息进行整理，得出调研对象对培训效果的总体评价（表2）。上海市开展的无公害农产品与绿色食品相关培训均为免收学费、餐费、资料费等的公益性培训。培训工作依据《无公害农产品检查员管理办法》《无公害农产品检查员注册准则》《无公害农产品检查人员及师资培训管理办法》《绿色食品检查员注册管理办法》等文件要求，规范进行。实施年初收集培训需求，制订年度培训计划，根据标准变化、培训类别（首次培训、继续培训）等情况，有侧重地确定师资选配（例如，首次培训的侧重认证知识，继续培训的侧重质量管理知识），再根据就近便民的原则，选择培训地点。

391 份有效问卷的统计数据显示，培训学员对培训的总体评价较高，优秀率达 86.45%。但因问卷回收有效率只有 59%，不能确定未回收部分的评价意见。如果，将发放问卷数（660 份）作为分母，则优秀率仅为 51.21%。因此，86.45% 的高优秀率尚不能完全体现培训质量。利用对学员的随机访谈和区县对口管理机构的反馈情况进行对评估结果进行校正，"大部分满意"的结果应确认无疑。

表 2　调研对象对培训效果的总体评价　　　　　　（单位：人）

培训名称	优秀	良好	一般	不满意	合计
无公害农产品内部检查员培训	83	5	0	2	90
无公害农产品检查员培训	107	9	0	0	116
绿色食品内部检查员培训	148	35	2	0	185
合　计	338	49	2	2	391
比　例	86.45%	12.53%	0.51%	0.51%	

（二）对培训的意见与需求

从分析梳理开放性问题的回答情况看，意见集中在如下几个方面：①教学材料理论性太强，不够通俗易懂；②培训内容及方式单一枯燥，具体业务培训深度不够；③培训次数少、时间短，缺乏系统性；④部分工作流于形式，尚未形成有效的培训管理和监控制度；⑤师资力量不够充足，专业水准仍需提高。

从调研对象的培训需求来看，主要集中在如下几个方面：①适当减少认证知识，增加农产品质量安全、农事科学管理及农业投入品合理使用等相关知识的培训；②增加实地现场培训，组织到相应的优秀企业现场参观、学习；③工作机构要多到企业，进行现场沟通和指导；④增加培训的多样性和趣味性，学员最好有互动，避免单一枯燥；⑤加大宣传力度，普及相关知识，提高"三品一标"的品牌认知度。

三、对策建议

在食品安全国家标准整合的大趋势下，"三品"标准出现了大幅的修、订调整，贯标压力很大。结合调研和访谈所获信息，基于目前的培训现状和需求，提出相应建议如下。

（一）建立健全培训评估体系

目前，绿色食品检查员、监管员及绿色生资审核员培训已经初步建立培训评估体系，且运转良好。但无公害农产品内部检查员和绿色食品内部检查员培训评估体系尚未建立。建议建立健全相应培训评估体系，对培训条件、培训内容、教学大纲等可通过颁布相关文件、规章或标准的形式予以确立，从而使培训规范化。评估体系的建立应充分考虑到培训机构的硬件设施、师资力量、培训效果等方面因素，设置科学合理的评价指标。通过评估结果，重点解决突出问题。同时，因"三品一标"总量不断提高，国家对经费预算的严格限制，现有由财政拨付的培训经费已明显不足。评估体系的建立，可以为适时推动"三品一标"培训市场化做好准备。

（二）完善培训体系

我国的现代农业起步较晚，但发展较快。2013 年，全国认证"三品一标"2.1 万个，"三品一标"总数达到 10.3 万个，认定产地和认证产品分别占到耕地面积和食用农产品总量的 36%。"三品一标"事业的快速发展，导致相应教学培训体系没有跟上形势，出现了一些问题。建议从国家、省、市三级完善"三品一标"教学培训体系，从调查需求、编制教材、培养师资、制定标准、完善注册等方面，综合立体地思考体系构建工作。同时，培训工作应逐步与新型职业农民培育工作并轨，并起到引领和示范作用。

（三）建立实习示范基地

知与行的关系，是知识与实践的关系，毛泽东同志的《实践论》已充分阐明实践的重要性。学员对知识认识的深度和能力的提高离不开实践的打磨。"三品一标"涉及的专业知识庞杂，需要极强的实践性和应用性予以贯穿。建议国家、省、市三级建立若干实习示范基地,尤其是绿色食品示范企业、标准化示范企业应成为示范基地的标杆。基地的建立在满足学员"增加实地现场培训,组织到相应的优秀企业现场参观、学习"需求的同时,将极大促进学员间、企业间的交流沟通,为行业的发展增添活力、动力,也将成为"三品一标"企业互相交流、共同提高的一个有效平台。

参考文献

储诚炜,张波.2010. 美国农民教育的现状和基本经验 [J]. 晋中学院学报(4): 109-111.

崔霞.2010. 职业经理人培训效果综合评估体系研究 [D]. 上海:华东师范大学.

杜妍妍,姜长云.2005. 发达国家农民培训的特点与启示 [J]. 宏观经济管理(7): 57-58.

国务院办公厅.2014. 国务院办公厅关于加强农产品质量安全监管工作的通知(国办发〔2013〕106号)[J]. 农产品质量与安全(1): 3-4.

贺娜.2002. 浅析我国农村人力资源的开发与增加农民收入 [J]. 湖北社会科学,(10): 52.

梁艳萍.2010. 发达国家农民教育培训的经验与启示 [J]. 高等函授学报(哲学社会科学版)(7): 10-13.

刘文菁.2009. 农村教育与经济协调发展研究 [D]. 青岛:中国海洋大学.

卢巧玲.2007. 国外农民教育培训的经验及启示 [J]. 成人教育(7): 4.

申永霞.2007. 新农村建设中农民培训体系的思考 [J]. 高等农业教育(3): 92-95.

宋美丽.2010. 我国东部地区农村人力资源开发研究 [D]. 青岛:中国海洋大学.

郁海金.2010. 上海市创业农民培训的现状和存在问题及对策——以崇明培训班为例 [J]. 河北农业科学(4): 139-140.

郑潇,申永霞.2007. 新农民培训的理念和实践 [J]. 开放教育研究(2): 109-110.

"三品一标"产地质量安全信息
体系的构建及应用[*]

杨晓霞[1] 廖家富[2] 李祥洲[3] 柴 勇[1] 龚久平[1] 张德忠[4]

(1. 重庆市农业科学院农业质量标准与检测技术研究所;2. 重庆市农产品质量安全中心;3. 中国农业科学院农业质量标准与检测技术研究所,农业部农产品质量安全重点实验室;4. 重庆南川区农产品质量安全中心)

"三品一标"包括无公害农产品、绿色食品、有机农产品和农产品地理标志。截至 2014 年 6 月上旬,我国"三品一标"主要认证产品年产量已占同类农产品商品的 40%以上。"三品一标"认证登记总量达 9.5 万多个,涉及企业 3.8 万多家,认定产地近 8 万个,认定的种植业产地占全国耕地 45%以上。"三品一标"通过要求生产者对产地环境、农业投入品使用、生产过程和终端产品进行质量控制,能及时发现生产过程中的质量安全隐患并予以补救,从而确保农产品的质量安全。鉴于"三品一标"生产对产地环境、农业投入品等的要求与控制,恰为农产品质量安全信息体系构建的一部分,即"三品一标"农产品生产及质量管理体系使得农产品质量安全信息体系的构建有了前期工作基础。因此,本文以"三品一标"为例,对产地农产品质量安全体系的构建与评价进行初步探索,并对该信息体系实施的条件保障提出建议。

一、产地农产品质量安全信息体系的构建

安全的产地是农产品质量安全的前提。基于农产品从田间到餐桌的过

* 本文原载于《农产品质量与安全》2015 年第 3 期,16-19 页,本文发表时篇名为《产地质量安全信息体系的构建及应用研究——以"三品一标"为例》;本研究由农业部农产品质量安全监管(风险评估)项目"产地农产品质量安全信息预警机制构建与示范研究"支持

程，我们研究提出了产地农产品质量安全信息体系框架。该体系从产地环境、生产过程、收储运与屠宰、产地准出 4 个环节为切入点，对每个环节包含的详细信息提出了要求。

对于产地环境，要求收集土壤中的重金属类包括铜、锌、铅、锡、镉、铬、汞、砷、镍，邻苯二甲酸酯类包括邻苯二甲酸二甲酯（DMP）、邻苯二甲酸二乙酯（DEP）、邻苯二甲酸二辛酯（DBP）、邻苯二甲酸丁基苄基酯（DOP）、邻苯二甲酸丁基苄基酯（BBPS）及邻苯二甲酸二（2-乙基己）酯（DEHP），六六六、滴滴涕、多环芳烃与多氯联苯的含量信息。收集产地空气中的颗粒物、二氧化硫、氮氧化物、氟化物、一氧化碳、臭氧、铅、苯并[α]芘等指标信息。收集灌溉水中的汞、砷、镉、铬、铅、铜、锌等重金属，氯化物、硫化物、氟化物和氰化物，石油类、挥发酚、苯和三氯乙醛等有机污染物含量信息。

在生产过程中，要求收集化学投入品（农药、兽药、渔药、化肥、饲料）的生产、销售、购买与使用信息，并重点监测矿质复混肥料和其他化学肥料中的有害重金属含量、饲料中的重金属含量信息。

在收储运过程中，要求获得保鲜剂、防腐剂、微生物、生物毒素等信息，收购及储运设施的清洁度、温度与湿度等条件信息。对于鲜肉类产品，还应获得屠宰环节的屠宰工厂、屠宰人、屠宰时间、屠宰环境的卫生条件、宰后是否检验检疫等信息。

在产地准出前，要求收集产品质量抽检结果，抽检的指标种类，包装或标签的内容，有机氯、有机磷、氨基甲酸酯类及拟除虫菊酯类农药残留，防腐剂、保鲜剂的使用等信息。

除上述环节外，产地农产品质量安全信息体系框架图还建议覆盖相关技术信息，如食品安全国家标准体系信息、生产者、收购者、储运者等身份编码信息与基础科研信息（如对食品科学分类的研究、污染物的毒理学研究等）。监管信息也是该信息体系的组成部分，如行政管理网络信息、检测机构信息、执法信息、公众参与农产品质量安全的举措信息等。

二、产地农产品质量安全信息体系在"三品一标"管控中的应用

产地农产品质量安全信息体系是否科学及有效，只有实践后才能证明。以"三品一标"为例，农产品质量安全信息体系的实施及利用应遵循以下

步骤。

（一）现场调查

"三品一标"必须经过产地认定，因此现场调查非常必要。通过现场调查，掌握"三品一标"生产基地的一般情况及其企业法人的基本信息：生产基地的企业法人、位置、所属的行政区域、面积、基地的种植方式、主要农产品、年生产量及产品认证情况，了解该基地产品的消费者情况（如消费人群、用途）。该环节由当地乡镇农产品质量安全监管站实施，并确定基地监管者的职责信息（如负责人，受监管基地名称，是否对农业投入品的销售及使用进行跟踪记录，是否跟踪了产地环境、投入品等样品的科学采集等）、了解认证机构（机构名称、地址、法人、联系电话等）及检测机构（机构名称、地址、法人、联系电话、承担的业务范围、是否为第三方检测等）的基本信息。此外，要摸清辖区内农业投入品（农药、兽药、肥料、饲料、种子等）经营商基本销售情况，并建立信息档案（销售商、地址、商品名、固定消费的生产基地或散户）。

（二）通过记录或检测获得大量信息

获得关于农产品生产过程的海量信息，是实施产地农产品质量信息体系的基本前提。一般来说，获得信息的途径可分为两种，一种为农产品生产企业和农民专业合作经济组织建立的农产品生产或储运记录，如实记载下列事项：①化肥、饲料、农（兽、渔）药的购买信息（投入品名称、有效成分及含量、销售商、生产商、生产批次、购买人、购买时间、储存点）及使用信息（使用对象、时间、方式、剂量、目的）；种子购买信息（品名、购买数量、销售商、生产商、生产批次、购买时间、储藏点、是否转基因）及使用信息（播种面积、时间、方式、数量）。②收藏储运过程信息：农产品收购地点及时间、收贮运设施、温度、湿度、防腐剂与保鲜剂的使用，鲜肉类产品的屠宰时间、地点、屠宰点卫生状况、屠宰日期、宰后检疫结果、检疫人信息。③产地准出时的包装标识信息：品名、生产者、产地、产品等级、生产日期、保质期、防腐剂与保鲜剂的含量、质量是否合格等信息。

获得农产品生产信息的另一种途径为通过检测。具体来说，由生产经营方或检测机构按照国家相关标准科学采集样品后，送交相关检测机构。为保证数据的可靠性与公正性，要求送检机构具有国家承认的检测资质。检测结果由检测机构直接送交省市农产品质量监督管理部门。这一过程在当地农业监管部门的监督下完成。一般地，需要检测的对象分为三大类：基地环境的基本环境要素（土壤、灌溉水、大气）、使用到的化学投入品（矿物肥、饲料）、基地准出时的产品。具体检测内容如下：①土壤中的重金属类（镉、汞、砷、铅、铬、铜、镍、锌），有机氯（百菌清、五氯硝基苯、DDT、硫丹、六六六），有机磷（毒死蜱、三唑磷、马拉硫磷、甲拌磷、水胺硫磷、丙溴磷、甲基对硫磷、甲胺磷、特丁硫磷、对硫磷），氨基甲酸酯类（克百威、涕灭威、灭多威）及拟除虫菊酯类（氯氰菊酯、氯氟氰菊酯、联苯菊酯、氟氯氰菊酯）农药残留，多环芳烃、多氯联苯、邻苯二甲酸酯类；灌溉水中的重金属（镉、汞、砷、铅、铬、铜、镍、锌）、抗生素（硝基呋喃类、磺胺类、金霉素、土霉素、四环素、链霉素）、多环芳烃、多氯联苯、邻苯二甲酸酯类；大气沉降中的铅、镉、汞、砷沉降、多环芳烃及多氯联苯。②化学投入品矿物肥和饲料的金属元素，如镉、铬、砷、汞、铅、铜、锌、镍。③基地准出时的农产品中重金属类（镉、汞、砷、铅、铬、铜、镍、锌），有机氯、有机磷、氨基甲酸酯类及拟除虫菊酯类农药残留，多环芳烃、多氯联苯、邻苯二甲酸酯类、多环芳烃、多氯联苯、防腐剂及保鲜剂含量。

当地农业监管部门对生产经营方是否及时登记农用化学品的购买及使用信息、是否合理取样、是否将样品及时交予检测机构等进行跟踪记录，并不定期抽查。若发现基地生产经营者未按照管理规定操作，如未登记农用化学品的采购及使用信息，或未抽查农产品质量安全信息等，由当地监管部门按照相关法规进行惩罚，甚至取消其认证的产品。

（三）建立数据平台

将上述数据或信息汇交，建立大数据平台。大数据平台是建立农产品质量安全信息体系的核心步骤。消费者可通过查询该数据平台，了解产地土壤中重金属含量，是否符合国家相关标准的规定；还可了解生产过程中投入品的生产、销售质量信息及使用信息，"三品一标"收储运过程中的信息（保鲜剂的使用量、对温度与湿度的控制等）；了解肉制品的屠宰环节；还可初步了解哪些生产基地的农产品质量安全性高等，哪些农产品的农药残留含量较高，哪个季节生产的农产品更安全等基本信息。另外，该数据平台有利于农产品质量追踪与追溯体系的建立。若农产品安全事故意外发生，利用该数据平台可迅速排查原因，找出源头，即该平台除具有主动预警作用外，还具有追溯功能。

(四) 分析、综合研讨并编制报告

从数据平台中对产地环境质量监测数据、化学投入品的使用及质量监测数据、收储运环节的储存条件信息及生物毒素含量、产地准出前的质量抽检数据等信息进行系统分析、数据处理和危害研判,得出风险隐患的真实情况及防控措施初步建议。在此基础上,请相关专家对农产品质量安全信息体系中相关数据反映出的风险隐患进行综合会商讨论。结合综合会商的结论与前期的现场调查,对整个农产品生产的风险因子信息进行统计分析,形成风险因子的主动预警结果。预警结果应该对产品生产过程的中具体环节、危险因子及危险因子的控制或消减措施等方面提供导向及决策建议。另外,对于突发性农产品质量安全事故,可组织相关专家利用该信息体系进行追溯,对事故发生的环节及准确原因进行定位分析并形成可靠结论。

(五) 信息反馈

将主动预警结论反馈于产地农产品安全信息体系,评价该体系是否反映出该结论,即评价该信息体系的主动预警作用,从而便于生产者或监管者及时作出对策,以保证其质量安全。对于突发性农产品安全事故,将追溯结论反馈于该信息体系,评价该体系是否包含了事故发生原因,即评价该体系的被动追溯作用,从而有效避免媒介的无根源或失真报道。依据该信息体系对主动预警及被动追溯结论的有效反馈,发掘数据平台中存在的问题,并对其不断完善、升级或更新,促使农产品质量安全信息体系在提升农产品质量安全、增加百姓对我国农产品信任度、提高我国农产品生产的标准化程度、提升我国农产品在国际上的形象等方面发挥巨大作用。

三、产地农产品质量安全信息体系
构建与实施的条件保障

产地农产品质量安全信息体系的构建与实施,除了政府支持、法制约束和业内专业的热心参与外,还需要以下条件作为基本保障。

(一) 产地农产品质量安全综合管理平台的建立

建立"行政信息""企业信息""舆情信息"数据库,使农产品质量安全监管实现信息化,数据得到有效分析、保存和利用。建立部、省、市、县

（区）、乡贯通，覆盖全国，分级授权使用的综合管理平台。

（二）信息采集的标准化与规范化

区县工作机构、乡镇监管站工作人员完成辖区内产地环境信息、生产过程信息、收储运环节信息的收集、整理、录入，完成辖区内农业生产单位的备案登记，实时更新"行政信息"数据库，让监管工作以数据的形式动态地展现出来。农业生产主体负责完成农业生产记录的收集、整理及录入，并做到可追踪与追溯。

（三）有效信息反馈机制的建立

激励公众以电话、短信、互联网传输等形式向监管部门积极反馈农产品质量安全信息。建立乡村农产品质量安全监管员、协管员及企业内部检查员上报农产品质量安全信息制度。加强行业协作，共享病虫草害流行趋势，发生情况等重要信息，以寻对策。

（四）产地农产品质量安全信息体系专家团队的组建

产地农产品质量安全信息体系的构建与实施，还需不同学科的人才通力合作。需要有影响力的农产品质量安全方面的专家负责风险因子分析；需要有一定行政职务的官员督促与监管数据信息的取样与采集，并统筹一定的行政资源；需要有数据系统研发的技术专家负责数据平台的研发、维护及更新。

（五）经费保障

产地农产品质量安全信息体系的实施，须建立一个稳定的、功能强大的公共数据平台，将调查及监测到数据信息全部汇总于该平台。此数据平台的正常持续运行及数据维护、更新耗资巨大。另外，该体系要求农产品生产经营者送交样品到检测机构检测多项指标，对于生产者来说也是一笔经济投入。为保障该体系的顺利实施，要提高农业生产经营者对产地环境、生产过程、收储运过程及产地准出的各环节对相关指标检测的积极性，国家层面应适当对其进行经济补贴。

参考文献

安琼，董元华，王辉，等．2006．长江三角洲典型地区农田土壤中多氯联苯残留状况

[J].环境科学,27(3):528-532.

蔡全英,莫测,李云辉,等.2005.广州、深圳地区蔬菜生产基地土壤中邻苯二甲酸酯(PAEs)研究[J].生态学报,25(2):283-288.

陈晓华.2015.2014年我国农产品质量安全监管成效2015年重点任务[J].农产品质量与安全(1):3-8.

邓玉,李祥洲.2014.农产品质量安全信息预警机制构建研究[J].中国食物与营养(12):5-9.

董燕婕,张树秋,赵善仓,等.2014.农产品生产环节存在的安全风险隐患探析——以山东省为例[J].农产品质量与安全(2):63-66.

高宏巍,王南,刘东亮,等.2012.我国"三品一标"农产品质量安全监管问题及对策研究[J].农产品质量与安全(1):34-36.

国家环境保护总局.1995.GB 15618—1995 土壤环境质量标准[M].北京:中国标准出版社.

国家环境保护总局.2007.HJ 332—2006 食用农产品产地环境质量评价标准[M].北京:中国环境科学出版社.

金发忠.2014.我国农产品质量安全风险评估的体系构建及运行管理[J].农产品质量与安全(3):3-11.

李祥洲,郭林宇,戚亚梅.2009.农产品质量安全信息体系建设探析[J].农业质量标准(1):43-46.

李祥洲,钱永忠,邓玉,等.2015.2014年农产品质量安全网络舆情特征分析研究[J].农产品质量与安全(1):41-47.

刘荣乐,李书田,王秀斌,等.2005.我国商品有机肥料和有机废弃物中重金属的含量状况与分析[J].农业环境科学学报,24(2):392-397.

刘增俊,滕应,黄标,等.2010.长江三角洲典型地区农田土壤多环芳烃分布特征与源解析[J].土壤学报(6):1 110-1 117.

祁胜媚.2011.农产品质量安全管理体系建设的研究[D].扬州:扬州大学.

王瑾,韩剑众.2008.饲料中重金属和抗生素对土壤和蔬菜的影响[J].生态与农村环境学报,24(4):90-93.

王强,林定根,张昊宇,等.2005.农产品加工中的立体交叉污染及其防治对策[J].中国农业科技导报,7(4):41-45.

杨晓霞,龚久平,张雪梅,等.2014.重庆主要蔬菜基地叶类蔬菜污染物调查[J].环境与健康杂志(9):22.

张德忠,陈刚,杨力,等.2014.重庆市南川区农产品质量安全监管模式研究[J].农产品质量与安全(3):66-69.

"三品"监管长效机制建设探析*

郝志勇　隋志文

（山西省农产品质量安全中心）

近年来，作为政府主导的安全优质品牌，无公害农产品、绿色食品和有机农产品（简称"三品"）产业迅猛发展，总量规模持续扩大，品牌影响深入人心，在推进标准化生产、农产品质量安全提升、农业转型升级方面发挥了积极作用。但同时，也日渐显现出监管滞后与产业加快发展不相适应的问题。笔者在总结分析山西省"三品"监管创新实践的基础上，就进一步构建"三品"乃至农产品监管长效机制提出建议。

一、山西省"三品"监管实践

多年来，山西省坚持"预防为主、全程控制、质量追溯、综合防治"的工作原则，不断创新工作机制和方式方法，积极推进制度建设，形成一套管用的监管制度。

（一）基于产地 GPS 定位的源头监管制度

利用 GPS 定位功能，率先推行产地的准确定位，通过提供详细、准确的位置信息，明确了"三品"产地、边界和区域范围，实现了源头生产的定位导航，便于跟踪追溯，有利于推进产地准出、市场准入管理，丰富了监管手段，强化了源头安全。

---

* 本文原载于《农产品质量与安全》2015 年第 5 期，16-18 页

（二）基于制度规程落实的生产管理制度

保障"三品"质量关键在于把好各个环节，严格标准规程的贯彻落实。近年来，山西省"三品"生产单位按照"制度上墙规程下地下车间"的基本要求，不断加快质量安全体系和质量管理制度建设，并对产品质量安全做出公开承诺。农业部门将抓好规程落实、投入品使用、过程控制、生产记录、证后监管摆在突出位置，努力做到预防在前，确保安全。

（三）基于履职尽责的工作追溯制度

依靠制度管人管事，依靠制度实施监管。一是抓监管制度建设，制定完善了年检抽检、监察督查、安全追溯、信用考核、应急处置等一系列制度，"三品"监管工作做到有计划、有预案、有布置、有落实、可追溯，要求每个过程都要留下痕迹，留下记录、影像等第一手资料，以备事后追溯和查因问责。二是厘清界定了工作系统内部的、工作系统与"三品"企业间的监管权限、职责关系，实现了按制度按规矩办事，依法依规监管。

（四）基于信息报送的跟踪追溯制度

为实现全程监管、排除隐患，针对蔬果、畜产品、深加工等重点产品，实行定期信息报送制度。要求认证单位及时上报投入品使用、生产经营、质量安全信息，并对信息的及时、真实做出承诺，工作机构负责核实。2015年3月，山西省上线开通了全省农产品质量安全追索平台，500多家"三品"单位先行入驻，自愿申请列入追溯的不断增加。通过平台的运行、网上追溯的实施，一方面，真实展示了"三品"的生产经营情况，拉近了对认证企业及产品的了解，给大家更多选择权；另一方面，也有利于主动接受社会监督。

（五）基于动态考核的信用评价制度

推进诚信体系建设，实行动态考核，将年检、抽检、用标、缴费、安全、投诉等作为重要内容，对问题单位，及时提出整改要求，对有严重问题和安全隐患的一票否决，坚决退出。通过考核，规范了企业、防范了风险、促进了诚信。

二、"三品"监管问题分析

目前，"三品"正从重认证的发展阶段转向数量质量的同步提升阶段，监管日益重要、任务愈加繁重。笔者认为应着重处理好4个矛盾。

（一）处理好法律制度保障和监管职责落实之间的矛盾

健全的法律制度体系是产业健康发展的根本保障，目前我国"三品"监管的法律法规明显不足。2006年颁布的《中华人民共和国农产品质量安全法》及与之配套的地方性法规中都未对"三品"监管作明确和细化的规定，更无具体的配套细则，导致监管的有效性和实效性不佳。同时，虽然"三品"的认证监管归农业部门负责，但无论在国家层面还是市县基层仍处于多部门管理的状态，在监管层面仍有执法空白，难以形成自上而下统一监管的工作格局，存在协调难度大、成本高、体制不顺、效率不高的问题。为此，只有尽快对现有的法律制度予以修改完善，对各级机构予以监管授权、职责落实，才能实施有效监管。

（二）处理好体系建设滞后和监管需要之间的矛盾

"三品"监管必须立足长效持久，应贯穿品牌创建、品牌存续全过程，尤其证后监管环节多、任务重、责任大。但一些地方的监管体系建设仍不完备，基础薄弱，尤其是负责属地管理的市县机构多面临人手不足、经费短缺、手段缺乏等问题，部分机构、人员为兼职，执法监管职能弱势，人员、编制、经费难以保障；有的地方不重视"三品"监管，认为一经认证后就是合格放心的，以致疏于监管或流于形式。

（三）处理好企业诚信自律与品牌建设之间的矛盾

"三品"是关乎我国农产品安全的信誉产业，只有建立在全体参与者遵纪守法、自律诚信的基础上，才能不断维护品牌公信、促进健康发展。认证单位作为"三品"创建和产业发展的主体，必须把确保质量安全作为立足长远的基本底线和价值追求。一旦发生某个企业的失诚失信，将直接影响"三品"的整体形象与行业声誉；一旦因个别企业片面追求眼前利益，不严格落实有关制度规范，甚至因急功近利不严格标准而发生质量安全事件，都将带来严重的负面影响。

（四）处理好农业生产实际与标准化生产之间的矛盾

我国千家万户的农产品生产和农业投入品经营，具有明显的"小、散、乱"的特点，农业从业人员整体素质不高，农业生产多停留在传统和经验的基础上，绿色生产、安全生产的意识和理念滞后，标准化生产严重不足。虽然"三品"在技术和生产层面有完整的标准规程的要求，但由于"三品"企业生产运营模式多为"公司＋农户"或"公司＋合作社（基地）＋农户"，在实际生产中多数仍以农民分散种养为基础，加上农业生产环节多，供应链条长，农产品加工企业与基地农户的利益联结机制不紧密、不完善，农业标准化生产技术、质量安全管理手段存在难以真正落实到农户和产品的现象。

三、完善"三品"监管的策略措施

笔者以为，传统"监管"的理念和方式方法，在一定程度上割裂了双方的关系，不利于彼此的协作融合，必须尽快予以转变和创新。"三品"监管，亟待由传统的事后监管向重在事前预防转变，应由传统的行政管理型向管理服务型转变，应由分段实施、各自为政向全链条一体化、联防联治转变，当前应着力做好以下几方面工作。

（一）健全法律制度保障体系

在食品安全监管体制改革，农产品质量安全法律法规面临修改完善的形势下，进一步细化和明确有关"三品"监管的内容，做到有法可依，可以在法律法规中明确"三品"在产地环境、生产加工、市场流通等环节应当遵循的技术规程和监管制度，由国家或农业部门分别制定与之相配套的具体的监管法规制度，使"三品"监管更具有可操作性和高效性；同时要鼓励省、市、县政府和相关部门加强执法调研，完善地方监管配套制度的建设，出台对应的地方性规章和办法，强化执法，保证法律法规制定后的权威性和实效性。

（二）建设运行有效的监管体系

运行有效的监管体系是实现"三品"监管能力提升的载体，而统一监管、协调行动的监管机构和高素质、专业化的监管队伍是法律法规贯彻落实的保障。应以现阶段"三品"队伍为基础，自上而下健全完善部、省、市、县四位一体的监管体系队伍，明确强化其监管职能，落实属地监管职责，确保工作机构的持续性检查和后续监管行之有理，行之有效。建立完善检查、监管队伍和企业内部检查员培训体系，有计划、有目的地提升监管人员的管理、检测和服务能力和综合素质，培养一批面向基层，精通源头治理、产品认证、质量控制、检验检测、标准推广的专业人才。

（三）构建全程监管的可追溯制度

可追溯制度是"三品"质量安全监管的重要保障。应该从"三品"生产源头到市场终端，通过产地和投入品监管、生产过程记录和监管信息备案、产品抽检和市场监察等方面建立完善全程的可追溯制度。建立产地及投入品监管制度，对产地进行定位和编号，定期对产地及环境状况抽查核查；建立监管信息交流预警机制，定期报送及核查投入品等的使用，根据检测数据和产品特性，及时通报预警信息；建立例行抽检检查和飞行检查相结合的抽检检查制度，对产地和市场定期不定期进行检查；严格生产记录制度，按照标准化生产的要求，对生产加工过程投入品的来源与使用、关键技术措施、原料来源与使用、生产加工与产品销售等信息进行详细规范记录并存档；完善监管信息备案制度，建立监管档案，强化监管职能的发挥，实现监管环节的衔接和监管责任的可追溯。通过上可追源头、下可查去向的全程追溯，实现对"三品"监管的规范性、有效性。

（四）培育企业诚信自律机制

诚信自律是确保"三品"质量与公信力的基础和生命线。大力宣传和提高企业作为质量安全第一责任人的主体责任意识，督促企业提升质量管理能力，建立健全质量管理体系，加强全员、全过程、全方位的质量管理，严格落实按标准规程组织生产经营；通过建立企业信用体系，扶优打劣，宣传推介诚信企业，打击不安全生产和滥用、冒用、伪造标志行为，引导走诚信经营之路；增强企业诚信自律意识，强化企业建立确保安全、促进品牌创建为基本要求的发展理念，鼓励其注重品牌形象，严禁短视唯利行为，将履行质量安全第一责任融入企业生产经营决策，践行质量安全承诺，做到诚信守业、文明兴业。

（五）营造齐抓共管的监管新格局

"三品"涉及种、养、加、收、贮、运、销多个环节，关系"千家万户"的生产经营主体，政府纵有再大的力量，也可能防不胜防、管不胜管。只有"管""治"结合，在政府、市场、社会三者之间形成合力，形成良性互动、有序参与、有力监督的社会共治格局，才能实现治理的广覆盖、全覆盖。一是加强宣传引导，营造良好氛围。二是部门间建立联席会议机制，厘清监管界限、顺畅监管衔接，建立跨区域跨部门的监管协作机制，推进信息、资源共享，实现无缝无空白监管。三是开展多部门跨区域的联合行动，抓好典型案件查处，为农产品安全保驾护航。四是建立投诉举报奖励制度，引导大众积极参与"三品"监管。五是建立监管奖惩机制，激发监管人员由被动怕事到主动管事，调动发挥其主观能动性，实现由事后处置办案到事前预防，防患未然。

参考文献

高宏巍，王南，刘东亮，等.2012.我国"三品一标"农产品质量安全监管问题及对策研究［J］.农产品质量安全（1）：34-36.

卢立果.2011.西安市"三品一标"发展成效、问题及对策［J］.农产品质量安全（3）：29-32.

祁胜媚.2011.农产品质量安全管理体系建设的研究［D］.扬州：扬州大学.

张锋，杨玲，牛静.2012.无公害农产品监管现状的研究进展［J］.中国农学通报，28（3）：263-266

浙江省"三品一标"公共品牌培育成效、措施及建议[*]

方丽槐　李　政

(浙江省农产品质量安全中心)

　　农产品品牌化是现代农业实现生产标准化、管理科学化、产品规模化、经营产业化的重要标志。"三品一标"(无公害农产品、绿色食品、有机产品和农产品地理标志)是我国在不同发展阶段、针对特定形势、立足各自侧重点发展起来的国家安全优质农产品公共品牌,实践表明,发展"三品一标"是推进"产出来"和"管出来"有机结合的有效载体,是通过品牌化引领提升农产品质量安全水平、促进农业增效农民增收的有效途径。

一、浙江省"三品一标"品牌培育成效

(一)品牌培育环境持续优化

　　"三品一标"品牌承载了政府的信誉,从 2003 年起,浙江省"三品一标"工作先后被列入省政府生态省建设、浙江省文明县(市、区)、浙江农业现代化等重要考核体系,并设为省级示范性农民专业合作社、浙江名牌农产品等评定的前置条件。2010 年浙江省委十二届七次全会《关于推进浙江生态文明建设的决定》和 2014 年省委十三届五次全会《关于建设美丽浙江创造美好生活的决定》,都把"三品一标"作为加快发展生态经济和生态循环农业的重要内容列入其中。2014 年浙江省政府办公厅《关于加强农产品质量建设加快打造绿色农业强省的意见》,明确把发展"三品一标"作为深入推进农业生态化、标准化、品牌化的重要内容。政府的强力推动,有效促

---

　　* 本文原载于《浙江农业科》2015 年第 11 期,1 705~1 708 页

进了"三品一标"产业健康持续发展。

(二)"三品"产业素质不断提高

从 2003 年到 2014 年年底，浙江省无公害农产品从 457 个发展到 5 071 个（不含鱼类产品），绿色食品从 160 个发展到 1 311 个，年均增长率分别达到 24.5% 和 21.1%，有机农产品达 699 个。截至 2014 年年底，全省有效期内"三品"总数 7 081 个，"三品"累计产地认定面积 1 560.87 万亩，约占主要农产品种植面积的 43%。获证"三品"产品中，种植业与养殖业产品数量比为 4：1；种植业产地中耕地、茶园、果园面积分别占 51%、8% 和 17%，蔬菜、茶叶、水果等主导产业申报产品所占比重较大，凸显浙江省农业优势，体现了较为合理的种植结构。

(三)认证产品质量稳定可靠

按照监管工作程序化、制度化、规范化建设要求，以企业年检、质量抽检、标志市场监察、颁证前告诫性谈话、专项整治、企业内部检查员培训、协会引导行业自律等多项制度为主要内容的监管长效机制逐步完善。2014 年浙江省共抽检无公害农产品 277 批次、绿色食品 143 批次，合格率分别为 99.28% 和 99.3%。多年来，浙江省"三品"抽检合格率稳定保持在 98% 以上，未发生"三品一标"质量安全事件。事实证明，认证一个产地，可以带动一片标准化生产，认证一个产品，可以保障一方质量安全。

(四)农产品地理标志品牌特色鲜明

截至 2014 年年底，浙江省共有国家农产品地理标志登记产品 35 个，登记保护产品呈现出鲜明的特色：一是地域特色突出。35 个登记产品分布于全省 11 个市 25 个县，既有东海之滨的晚稻杨梅，也有浙南山区的缙云米仁，地域分布广泛。二是产业特色明显。登记产品中种植业产品 28 个，养殖业产品 6 个，初加工产品 1 个，基本涵盖了浙江省农业十大主导产业。三是品质特色显著。金华两头乌猪被列入首批 6 个"全国农产品地理标志示范样板创建试点单位"之一；千岛银珍、泰顺三杯香茶、金华两头乌猪 3 个产品作为首批中欧地理标志互认产品通过农业部审核。

二、浙江省"三品一标"品牌培育的主要措施

（一）树立大监管、打好组合拳，提升品牌公信力

浙江秉持大监管的理念，坚持认证入口把关和证后严格监管两手抓，"产出来"和"管出来"两手硬，全力夯实品牌质量基础。一是依法组织认证，强化程序规范、制度规范、行为规范，确保认证的有效性。每年组织一次检查员素质提升培训班，及时宣传贯彻新知识和新要求，并严格落实检查员签字负责制；建立省级"三品一标"审核专家库，充分发挥专家作用，从源头严把质量关；建立绿色食品颁证前与生产主体负责人告诫性面谈制度，提高法律意识，增强法制观念，切实落实主体责任。二是依法实施监管，健全问题发现机制，强化淘汰退出机制和企业自律机制，加强风险预警，打好证后监管"组合拳"。修订《浙江省绿色食品企业年度检查工作实施办法》，把绿色食品企业年检工作重心从市级机构下移到县级农业部门，切实提高年检工作质量和效率；举办百家企业法人培训班，请省农业执法总队队长宣布取消标志企业名单，并通过新闻媒体公开曝光，形成强大的震慑力；组织开展以"检查排查要严密、处理打击要严厉"为总要求的"三品规范提质百日专项行动"，将绿色食品企业年检、标志市场监察、无公害农产品现场检查等各项制度捆绑落实，督促生产主体100%签订质量安全承诺书，100%落实"三上墙、两规范、一手册"要求（即安全责任制度、内部检查员责任制度、质量安全承诺书三上墙，生产记录、农资管理两规范，监管巡查要有手册），不断提升全过程、全方位监管能力，切实维护好"三品一标"品牌公信力。

（二）编好连续剧、演好折子戏，扩大品牌认知度

浙江以"三品一标"宣传周作为扩大品牌认知度的创新载体，编好持久宣传"连续剧"，演好当年宣传"折子戏"。自2009年起，浙江省农产品质量安全中心连续6年组织开展"三品一标"宣传周活动，每年聚焦一个主题，举办一个仪式，开展一次培训，通过省市县"三品一标"管理机构、新闻媒体、生产企业纵横向联动，通过"三品一标"进社区、进超市、进学校、进影院等形式与消费者互动，引导城乡居民科学消费安全优质农产品，扩大品牌认知度。

2014 年宣传周以"绿色生产美田园、安全优质美生活"为主题。一是充分利用广播、电视、报刊等多种媒体广泛宣传"三品一标"安全优质的品牌形象。浙江省农产品质量安全中心组织召开了杭州市部分新闻媒体"三品一标"座谈会,浙江卫视新闻联播、浙江日报、中国新闻网、新华网、凤凰网、农民日报等 22 家主流媒体都对浙江省"三品一标"发展成效进行了正面报道。二是利用浙江省官方权威杂志专版宣传,影响有影响力的人。在《浙江人大》杂志上专版宣传"三品一标"知识和发展成效,省市县乡各级 8 万人大代表人手一册。在浙江省农村工作办公室主办的《新农村》杂志上开展宣传,积极争取领导重视。利用《农村信息报》向广大生产主体宣传,并开展致农业龙头企业、示范性农民专业合作一封信活动,引导规范化主体发展"三品一标"。三是利用微博微信等新媒体开展品牌传播。在浙江农业官方微信和微博平台上开展专题宣传,每天发布各市宣传周动态,以网络互动形式,营造全社会关心"三品一标"、共享美好生活的良好氛围。四是开展"三品一标"进社区、进高校等活动。先后赴中央和浙江省领导视察过的王马社区、浙江省直属机关府苑新村社区开展现场宣传咨询。与浙江大学后勤集团联合主办"三品一标"进高校活动,浙江省内 30 多家"三品一标"企业在浙大玉泉校区进行产品展销,浙江省农产品质量安全中心主任专门为浙大教职员工进行"三品一标"及农产品质量安全知识讲座,受到广泛欢迎。五是省市县上下联动。金华市开展了"三品一标"知识百场电影进社区、进基地、进学校巡回宣传活动;绍兴市联合大专院校开展了"绿色食品基地行"活动;台州市开展了大型广场"三品"宣传活动;丽水市通过农村频道专家热线栏目专题讲解"三品"知识。通过浙江省上下联动宣传,形成合力,扩大影响。

(三)立足大市场、融入大平台,拓展品牌影响力

浙江围绕"三品一标"精品定位,广拓渠道,不断提升市场竞争力和品牌影响力。近年来,在浙江省政府每年主办的"浙江农业博览会"上,都突出"三品一标"产品展示与销售,大力宣传"三品一标"发展成效。在杭州绿色农产品城设立绿色食品挂牌示范店和专柜,探索专营渠道。2010年,经中国绿色食品发展中心批准,组织成立中国绿色食品有机食品国际直销中心,立足杭州,服务全国,连接海内外,为供需双方搭建联动平台。2014 年,浙江省绿色农产品协会在积极组织会员参展"中国绿色食品博览会""中国国际有机食品博览会"等国内外展会的同时,主动发力、借梯上

楼，以协会冠名的形式，与武义县人民政府联合承办了"第五届中国（武义）国际养生博览会"，与浙江新农都实业有限公司共同主办了以"让'三品一标'走进饭店、端上餐桌"为主题的"第二届中国（浙江）优质食材博览会"，与杭州市农办、滨江区政府共同举办了"2014年第二届祖名豆制品文化节"，为促进产销衔接和提升品牌竞争力构筑起新的平台。同时，协会还组织召开了浙江省"三品一标"企业诚信体系建设大会，100多家会员企业代表参加，探索建立符合绿色农产品行业特点的诚信管理体系，并向全省"三品一标"企业发出《诚信与自律倡议书》，社会反响良好。

三、提升"三品一标"公共品牌的发展建议

农产品品牌是附着在农产品上的独特标记符号，在市场经济下，有了过硬的品牌才能有好的市场。推动农业品牌化、标准化、电商化"三化"联动发展，已成为浙江省农业转变发展方式、提升农产品质量安全水平、促进农民增收的必然要求。今后一个时期，全省"三品一标"工作将紧紧围绕建设"两美"农业和打造绿色农业强省的总要求，持续深入开展"三品一标"公共品牌建设。

（一）加大政策扶持

"三品一标"是各级政府和农业部门经过20多年努力，逐步树立起来的安全优质农产品公共品牌，要持之以恒地把它精心培育好、悉心保护好、用心发展好，必须通过政府、市场、法律、行业协会等综合性措施予以引导提升。各地应把发展"三品一标"列入本地区、本部门农业农村经济"十三五"发展规划和年度目标任务，将产品培育、品牌宣传、质量监管等所需经费列入年度财政预算；把发展"三品一标"纳入当地强农惠农政策体系，加强与重要农业建设项目挂钩，加强奖励扶持，确保财政支持力度不减，进一步营造形成良好的政策氛围和工作导向，引导各类主体积极发展"三品一标"。绿色农产品行业协会要逐步建立和完善"三品一标"企业诚信管理体系，从制度上形成良好导向，充分调动企业创建品牌、维护品牌的积极性。

（二）深化品牌宣传

持续深入开展"三品一标"宣传周活动，利用电视、广播、报刊等传

统媒体和互联网、移动终端等新兴媒体，广泛宣传"三品一标"产地环境优良、认证程序严格、监管法制健全、产品安全优质的品牌形象，积极引导城乡居民科学消费农产品，提高消费者对"三品一标"品牌的信任度，增强品牌的社会公信力，以品牌引领生产，以信誉促进消费。充分发挥展会在宣传品牌、促进贸易方面的作用，组织企业参加"中国绿色食品博览会""中国国际有机食品博览会""浙江省农业博览会"等国内外贸易推介活动，推进产销对接，提升"三品一标"市场竞争力。继续配合武义县政府承办好"中国武义国际养生博览会"，积极为"三品一标"企业搭建营销平台，扩大品牌认知度，提升品牌影响力。

（三）拓展电商平台

农产品电子商务是将现代电子商务技术运用于农产品营销过程的一种新型业态，它可以通过互联网将农户的"小生产"与消费者的"大市场"相连接，可以解决买卖过程中的信息不对称问题，降低营销成本，提高品牌传播效率。"三品一标"产品营销和品牌提升，要善于运用"互联网+"这个有力工具，依托农业龙头企业和"三品一标"特色产品，积极培育绿色农产品电子商务经营主体和区域平台，通过标准化生产、品牌化发展、电商化销售"三化联动"发展，促进"三品一标"产业优化提升。

（四）加强追溯管理

我国农产品经营呈现"远距离、多环节、大流通"的特点，农产品责任主体不仅是生产者，还涉及收购、贮藏、运输、销售等多个主体，质量安全风险因子复杂多变，一旦发生"三品一标"质量安全事件，如果不能及时追溯到责任主体和问题原因，容易给整个区域或整个品牌贴上标签甚至致命打击，加强"三品一标"质量安全追溯管理，对于保护公共品牌公信力具有重要意义。目前浙江省农产品质量安全追溯平台已经投入运行，根据工作安排，"三品一标"生产主体要带头先行，积极探索生产过程追溯，示范带动农业生产主体开展农产品质量安全追溯建设，为构建全程可追溯体系积累经验，农产品质量安全追溯体系将成为"三品一标"品牌信息化监管的有效手段。

参考文献

方丽槐 . 2014. 浙江省"三品一标"品牌发展现状与对策研究［J］. 农产品质量与

安全（5）：10-12.

康春鹏 . 2015. 电子商务中农产品质量安全模式研究［J］. 农产品质量与安全（3）：12-15.

罗斌 . 2014. 我国农产品质量安全追溯体系建设现状和展望［J］. 农产品质量与安全（4）：3-6.

中国绿色食品质量支撑体系
与产业化发展对策浅析[*]

陈继昆[1]　梅为云[2]

(1. 云南省农产品质量安全中心；2. 云南石林绿汀甜柿产品开发有限公司)

"民以食为天，食以安为先"。绿色食品是一种无污染的、安全、优质、营养类食品。它不仅在于能提供人类生存和繁衍的必要营养成分，还在于面对整个世界越来越严重的环境污染问题，保障农产品质量安全，增进城乡人民身体健康，保护和改善农业生态环境，推动国民经济和社会可持续发展。为此，绿色食品的产业化不仅开辟了一条崭新的农业可持续发展的道路，也找到了一种保护和建设农业生态环境、人与自然和谐相处、协调发展的生态农业途径。近半个世纪以来，发达国家竞相倡导绿色食品、有机食品、自然食品和生态食品，发展生态农业，使其国民的生活和健康水平大大提高，国民经济和社会的持续发展。中国自20世纪90年代以来，在基本解决了民众的温饱问题后，绿色食品就提到了政府的议事日程上来，并随着改革开放的步伐而大步发展。在中国，开发绿色食品既为广大人民群众提供无污染、安全、优质的营养类食品，又加快了农产品国际化发展战略的步伐，使中国农业生产习俗得以革新、产业结构得以调整和升级、农业增效和农民增收得到落实。

当前，虽然绿色食品已成为中国国民经济可持续发展总体战略的一个部分，得到了中央到地方各级人民政府和广大民众的重视。然而，对于中国这样一个人口众多、地域广阔的发展中国家而言，绿色食品毕竟还是新事物，不少人甚至不少经营者和从业人员对于绿色食品的概念、认证及其监管程序并不十分明确，对于绿色食品产业化发展、开拓国际市场等问题仍在研究和实践之中。有鉴于此，撰写本文以供参考。

---

　* 本文原发表于《中国农学通报》2006年第10期，337–342页

一、绿色食品开发的总体思路

（一）概　念

根据农业部颁布《绿色食品标准》规定：绿色食品是指遵循可持续发展原则，按照特定生产方式生产，经专门机构认定，许可使用绿色食品标志的无污染的安全、优质、营养食品。区分为 A 级和 AA 级，其标志分别为绿底白色图案和白底绿色图案。其中，A 级绿色食品系指生产地的环境质量符合 NY/T 391—2000《绿色食品　产地环境质量标准》的要求，生产过程中严格按照绿色食品生产资料使用准则和生产操作规程要求，限量使用限定的化学合成生产资料，产品质量符合绿色食品产品标准，经专门机构认定，许可使用 A 级绿色食品标志的产品；AA 级绿色食品系指生产地的环境质量符合 NY/T 391—2000《绿色食品　产地环境质量标准》的要求，在生产过程中不使用化学合成的肥料、农药、兽药、饲料添加剂、食品添加剂和其他有害于环境和健康的物质，按有机农业生产方式生产，产品质量符合绿色食品产品标准，经专门机构认定，许可使用 AA 级绿色食品标志的产品。

（二）指导思想

紧紧围绕农业结构调整和农民增收为基本任务，配合中国实施的社会主义新农村建设，密切结合农产品质量安全管理工作，抓住加入 WTO（世界贸易组织）的有利时机，加快开发，确保质量，提高市场占有率和产品竞争力。10 余年的实践表明，绿色食品的开发既是农产品生产、加工方式的创新，也是食品质量安全制度的创新。当前，要认真贯彻《农业部关于加强农产品质量安全管理工作的意见》，积极支持和引导，全面推动绿色食品各项工作，充分发挥绿色食品在提高农产品质量安全水平、促进农业生态环境建设、实施农产品品牌战略、扩大农产品出口等方面的带动作用。要明确绿色食品具有广阔的发展前景，其开发、保障和监管是一项长期的工作任务。

（三）基本原则

1. 坚持以质量为核心的原则

应把"质量与发展"作为工作主题，质量是绿色食品的生命和市场价值的体现，发展是进一步满足市场消费的现实要求。所以，绿色食品的开发要建章立制，有章可循，严格执行标准，做到生产有规程，生产资料使用有记录，产品有标志，认证有程序，市场有监督，这样才能保障绿色食品的质量和信誉，做到以质量促进发展。

2. 坚持以市场为导向的原则

积极培育国内外市场，在加快绿色食品国内市场体系建设的同时，充分发挥绿色食品的竞争优势，把发展绿色食品出口、开拓国际市场作为一个战略重点来抓。坚持"政府引导与市场运作"相结合，政府引导就是要在推进农产品质量安全管理工作、提高农产品市场竞争力的同时，着力创造有利于绿色食品发展的政策环境，建立规范、有秩序的市场；市场运作就是要以市场需求为导向，坚持企业和农户自主开发，监测和认证机构公正评价。

3. 坚持可持续发展的原则

绿色食品是传统农业技术和现代农业技术相结合的产物，技术进步和创新是未来发展的增长点。它既要在环境保护、生产资料开发、标准体系建立、生产及加工等领域更多地研发和采用新技术，又要在产地环境选择，产品检测、认证、监管等环节不断创新。大力发展绿色食品是适应农业发展新阶段的特点，处理好与生态农业、农业产业化发展的互动关系，处理好短期利益和长远发展的关系，实现生态效益、社会效益和经济效益的良性循环。因此，开发绿色食品既可以节能、降耗、促进生物多样性和保护生态环境，又能开拓市场，促进农业结构调整、产业升级，使生产者和消费者双双获益，最终实现生态、社会和经济效益的可持续发展。

4. 坚持因地制宜、突出特色的原则

要充分发挥中国农业区域比较优势，围绕农业和农村经济的中心工作，推动绿色食品发展。发展绿色食品，既要依靠农业和农村经济发展创造的良好环境和条件，又要围绕农业和农村经济的中心工作，做好"五个结合"，即与农业结构调整相结合、与农业产业化发展相结合、与建设社会主义新农村相结合、与农民增收相结合、与农产品出口创汇相结合。绿色食品开发需要适宜的生态环境、农业资源和技术条件，要坚持因地制宜，发挥区域比较优势，进行分类指导，选择重点，集中布局，以突出当地资源优势和产品特色。

（四）必备条件

绿色食品必须同时具备以下 4 个条件：①产品或产品原料产地必须符合

绿色食品生态环境质量标准；②农作物种植、畜禽饲养、水产养殖及食品加工必须符合绿色食品的生产操作规程；③产品必须符合绿色食品质量和卫生标准；④产品外包装必须符合国家食品标签通用标准，符合绿色食品特定的包装、装潢和标签规定。

二、绿色食品质量支撑体系

（一）完善绿色食品标准和法规

中国绿色食品以其无污染的质量体系和"从农田到餐桌"的全过程质量控制为特征。所以，质量是绿色食品的生命，而绿色食品标准体系的建立和完善是保障绿色食品质量的前提。目前，农业部制定和颁布的绿色食品标准有72项，标准的制定或修订工作仍然在抓紧进行。绿色食品的标准化工作应遵循"巩固、健全、提高"的方针，完善和健全既具有中国特色又符合国际规范的质量标准体系，形成以先进适用技术转化为基本内容，以标准化生产示范基地建设为基本手段，科学研究与生产实践紧密结合的绿色食品标准体系；建立以法规为龙头，以技术标准为基础，实行"两端监测、过程控制、质量认证、标识管理"的质量卫生安全监督体系。

（二）规范绿色食品质量认证体系

绿色食品认证是农产品质量认证体系的组成部分，也是绿色食品证明商标许可使用的重要环节，要借鉴和采用国际质量认证的通行做法，不断改进和优化认证程序和检查制度，保证认证工作的科学性和权威性。中国绿色食品统一由中国绿色食品发展中心（以下简称中心）负责绿色食品认证和标志商标管理工作，现已委托了42个地方绿色食品管理机构、59家环境监测机构、20家产品质量检测机构，并聘请500多人成立了专家评审委员会开展相关认证工作。各省、市和自治区绿色食品办公室（或中心）主要完成中心委托的现场考察、产地监测（指定单位）、组织材料、初审等申报工作。

为了保证绿色食品认证结果的科学、公正，各有关职能部门必须严格执行绿色食品标准。作为绿色食品认证管理机构，要强化服务职能，为申报企业做好基地建设、原料供应、标准化示范、技术咨询、市场信息等方面服务，积极协助企业加强对绿色食品的生产、加工和市场营销一体化管理，积极推进跨国认证，不断扩大双边及多边认证合作，为扩大国际贸易创造条件。

（三）建立绿色食品质量监督体系

目前，中国绿色食品质量监管体系尚不完善，主要表现为：一是认证机构不够完善，缺少自律、规范的评价指标体系；二是检测机构散而小、布局不合理，检测设备、技术和手段落后，检测网络不健全；三是缺乏打击假冒伪劣农副产品的立法文件和措施。由于认证机构与工商、技术监督、食品药品监督、卫生和质量监督检验检疫等政府部门缺少协调机制，监控力度不到位，农药残留检测制度不健全。在经济利益驱使下，冒用、滥用、乱用、盗用绿色食品标志图案、字样的假冒伪劣农副产品在市场上开始出现，扰乱了绿色食品的市场秩序，不仅损害了绿色食品经营企业和消费者的利益，而且造成了绿色食品食品的信誉危机。

绿色食品认证工作是生产合格产品的必需环节，而绿色食品认证后的监督工作是产品质量得到保障的必要环节。建立绿色食品质量监督体系，关键是树立科学的发展观，以人为本，求实敬业，完善法律、法规、认证机构和检测体系建设，提高认证队伍的素质。具体落实在 4 个方面：一是适应形势，着眼未来，在巩固和坚持绿色食品基本体系构架和制度安排的前提下，加快绿色食品技术和管理制度的调整、完善和创新，使其更科学、更合理、更公正、更规范，更具竞争力。二是在手段上，全面推行企业年检工作，保持对重点企业、重点产品的质量抽检力度。三是把监管措施落到实处，做到监管与服务相结合，进一步发挥地方绿色食品管理机构的职能作用。四是监督工作体系的推进，以"两个领域"（生产领域、流通领域）、"三个环节"（生产环节、批发环节、零售环节）为抓手，确保绿色食品产品卫生质量达到国家规定的标准。努力做到从田头到批发，从批发到零售，从零售到餐桌，不断链，不脱节，环环相扣，节节相连；确保绿色食品内在质量信誉和市场品牌形象，切实保护广大消费者的权益。因此，各省、市和自治区，应组建跨行业的执法、监督及检测三位一体的食品安全质量管理机构，对本地区绿色食品生产基地、生产过程、技术措施、设备或设施、卫生、产品质量、包装和销售等进行监督管理；对生产单位或个人、使用绿色食品标志的产品进行定期或不定期监督和抽检，并行使监督、检查和处罚的权利。

（四）强化绿色食品技术支撑体系

技术支撑体系是进行绿色食品生产的重要保障，也是推动绿色食品发展的重要源泉和动力。该体系主要包括绿色食品生产资料的开发应用技术、生产过程的控制技术、产后质量保障技术和产品的检测技术4个方面。建立和完善省级区域性绿色食品生产技术支撑体系，必须依靠各级农业行政主管部门下属的植保、种子、土肥、畜牧、农业环保和农技推广等相关单位，通过它们来强化和完善绿色食品生产技术，推广新品种和植保技术、畜禽良种引进和饲养技术等服务体系，并把推广使用符合绿色食品标准的生物农药、肥料，绿色食品准予使用的饲料、兽药等生产资料和推行绿色食品生产、加工、包装、贮藏、运输等作为自己的主要职责，从服务的内容和形式上适应农业可持续发展的需要。

（五）建立健全绿色食品产地监测和产品检测及产品质量全程监控体系

在绿色食品从土地到餐桌的全程质量控制管理体系的基础上，根据中国省级区域内绿色食品生产布局和交易市场，各地应建立健全绿色食品产地监测和产品检测及产品质量全程监控体系，引进现代检测设备、技术和手段，建立多重的绿色食品质量检测追溯体系，确保其产品的质量和安全性。同时，还应加强绿色食品产地环境质量、生产资料投入、生产（加工）过程控制、包装标识和市场准入5个环节的管理，规范绿色食品的质量认证体系，大力推行农产品GMP（良好生产规范）、GAP（良好农业规范）、GHP（良好卫生规范）、GVP（良好兽医规范）制度和HACCP（危害分析和关键控制点）质量管理体系，使中国绿色食品质量认证与国际质量标准体系认证真正接轨。通过方便快捷的检测技术、检测手段和方式的实施，必将促进消费者放心消费的热情，由消费需求带来的绿色食品市场的扩大是拉动绿色食品产业快速发展的主要动力。

（六）强化品牌意识，做好绿色食品标志管理工作

中国绿色食品认证管理实行技术和法律双重管理制度。依据绿色食品产品质量标准进行检测，减少了人为的认证影响；绿色食品实行质量认证与商标管理相结合，按《中华人民共和国农业法》《中华人民共和国商标法》《中华人民共和国产品质量法》《中华人民共和国食品卫生法》和《中华人民共和国消费者权益保护法》等法律法规进行管理，避免了不必要的行政干预；绿色食品标识的全国统一，有利于规范市场、培育市场和消费者的识别。应依据NY/T 658—2015《绿色食品包装通用准则》的相关规定，对绿

色食品产品的标志、包装等进行定期检查，对冒用、滥用、乱用、盗用绿色食品标志图案、字样的违法行为必须严厉查处，公开曝光，维护绿色食品的市场秩序，树立绿色食品良好的市场形象。

三、绿色食品产业化发展的对策

（一）加强宣传和舆论监督，扩大绿色食品影响

利用多种形式，借助各方力量，分层次继续做好宣传、普及绿色食品的知识，进一步加大宣传的力度。对于已认证使用绿色食品标志的企业或生产者除了在中国绿色食品网上公告产品目录和编号外，还应该利用中央和地方众多相关媒体专题宣传、公益广告和多种形式的座谈、研讨、现场咨询、展销会、年货会等活动，提高社会认知度；另外，在高等院校有关专业设立绿色食品课程，在中小学传授绿色食品基础知识，让全社会各个方面都来关心、支持和参与绿色食品事业。

绿色食品生产企业（或生产者）和销售者要接受卫生、质量监督检疫、技术监督、工商等部门及新闻媒体的检查、报道，自觉地维护绿色食品的市场秩序，积极配合政府执法部门打击各种假冒伪劣绿色食品的不法行为，树立绿色食品的良好形象，保护消费者的合法权益。

（二）优化产业结构，扩大绿色食品的生产规模

目前，中国绿色食品开发已遍及全国范围的企业和农副产品，产品数量有了重大的突破，截至 2005 年年底，全国有效使用绿色食品标志企业总数达到 3 695 家，产品总数达到 9 728 个；产品实物总量 6 300 万吨，年销售额 1 030 亿元，出口额 16.2 亿美元；环境监测的农田、草场、林地、水域面积 653.33 万公顷。绿色食品发展全面加快，与 2004 年相比，2005 年绿色食品新认证企业和产品分别增长 59.9% 和 61.6%；企业和产品总数分别增长 30.3% 和 49.8%，比 2002—2004 年平均增长速度分别提高了 3.2 个百分点和 3.7 个百分点。实物总量增幅达到 37%，比前 3 年的平均增幅提高了近 5 个百分点，主要产品产量占全国同类产品总量的比重有了较大的提高。今后，绿色食品要重点抓好产品开发，继续扩大总量规模，逐步从主要以追求绿色食品产品数量的增长，向数量和质量并重，突出质量方向发展。为此，必须做好以下几方面工作：一是切实抓好认证管理工作，从认证环节入手，

切实把好从产地、产品、企业、中心、地方绿色食品办公室到监测机构各个环节的认证审核关；二是实施品牌战略，吸引、争取各地的名牌产品、特色产品、优势产品和具有出口潜力的产品按绿色食品标准生产、加工，并申报绿色食品，提高绿色食品的市场竞争力；三是根据市场需求，发展市场潜力大、经济效益好的绿色食品产品；四是从各地自然资源条件出发，合理规划，按优势优先的原则，开发具有地方特色的、占主导优势的绿色食品；五是各地应组织力量开发科技含量高，能使产业升级的深加工产品转化成绿色食品；六是争取大型的、知名的企业申报绿色食品；七是继续深化改革，优化制度安排和运行机制，进一步调整和改进绿色食品的认证工作；八是做好已获标志产品到期重新申报工作，提高产品的重新申报率。

（三）加大资金扶持力度，建立多元化的投入机制

确保资金的投入，是绿色食品开发的重要支撑、源泉和动力。必须坚持以绿色食品生产、加工企业和生产者作为投入主体，以财政投入和信贷投入为辅的投资导向，积极争取国内外资金投入绿色食品的开发，加快形成多形式、多层次、多渠道的绿色食品开发投融资机制。各级财政部门要扶持那些市场前景广阔、科技含量高、规模大、效益好、有影响、有品牌的绿色食品产品加工龙头企业，促进绿色食品的生产。省级财政应把绿色食品生产基地和标准化生产工作经费纳入财政预算，确保此项工作顺利开展。农业综合开发的资金投入要结合区域开发，加快调整农业产业结构，逐步增加发展绿色食品的资金投入比重。地方各级财政部门也要筹集项目配套资金，增强投入力度。各级金融部门要进一步加大对绿色食品开发项目的信贷扶持力度，有计划地扶持一批绿色食品生产基地和加工龙头企业。同时，各省、市、自治区应为特色农业生产创造良好的外部环境，积极鼓励和引导有实力的企事业单位、个体私营企业的资金向绿色食品产业流动。

（四）加大推广绿色食品标准化和规范化的力度，稳步提高产品质量

在完善绿色食品标准的同时，应制定绿色食品产品的市场分级标准，处理好绿色食品标准推广与监督的关系。各级绿色食品管理部门应加大力度解决标准推广和监督两个薄弱环节，确实抓好生产过程中的标准化、规范化，建立产品登记制和追踪溯源体系；依据制定的有关实施绿色食品的政策、措施，引导农业的健康良性发展，督促、检查绿色食品生产过程中各种政策、

技术措施的贯彻落实；组织对绿色食品的有关政策法规、生产规程等的培训工作，提高和保证绿色食品的品质。这样才能把绿色食品标准的宣传贯彻与农业执法监管有机结合起来，与整顿规范市场经济秩序结合起来。

2005 年，中国绿色食品发展中心组织部分定点产品检测机构对 1 052 个绿色食品产品进行了质量抽检，占 2004 年有效使用绿色食品标志产品总数的 16.2%，产品质量抽检合格率比 2004 年提高了 0.5 个百分点，比 2002 年提高了 4 个百分点。抽检结果表明，绿色食品产品质量抽检合格率逐年提高，产品整体质量稳定可靠。在 2006 年国家有关部门开展的食品质量抽查中，绿色食品也未发现质量不合格产品。

（五）加强农业科技培训和服务，落实绿色食品生产操作规程

各地方应组建各种绿色食品产销协会或专业合作组织，通过科技培训、绿色食品生产技术培训、绿色证书培训和"送科技下乡"等活动，促进农业生产技术的进步，切实提高生产基地管理人员和生产者对绿色食品生产技术的理解及掌握，提高他们的生产栽培管理技术，为绿色食品生产技术的实施和进一步推广打下良好、坚实的基础。县乡镇、企业或经济合作组织应建立各种农业技术服务队，在生产的重点区域和关键环节，实施统一服务。如统一栽培技术、统一施肥、统一病虫害防治等，从根本上解决一家一户办不了办不好的事情，使绿色食品生产真正做到规范化、标准化。

（六）积极培育和开拓市场，实现绿色食品产业化发展

在大中城市、县乡镇建立以大型绿色食品生产企业为龙头，其他相关绿色食品生产企业和经营单位共同参与组建绿色食品批发市场（或市场营销网络），引导绿色、健康消费，启动需求，增强绿色食品的生命力。同时，市场应设立专管员，一方面加强绿色食品产品的质量监管，对市场的不规范行为，坚决予以禁止和打击；另一方面及时掌握市场供需信息，从源头上控制和疏导市场风险，引导企业、农户生产适销对路的产品提高市场竞争力，实现自身的独特价值。另外，应加快开发绿色食品的国内外市场，建立绿色食品全国网络交易市场，通过市场推动绿色食品产业化发展，从而将生态资源转化为绿色经济优势。

（七）科技创新，用现代科学技术推动绿色食品产业化发展

绿色食品是传统农艺精华与现代科技相结合的产物，其技术体系涵盖农

产品的产前、产中、产后服务等一系列环节。绿色食品在中国尚处于初期发展阶段，对绿色食品的生产技术、生产资料和质量控制措施等的研究，是打破绿色食品产业化发展瓶颈的关键。各地应围绕绿色食品开发中生产资料、新技术应用和标准化体系建设等课题进行科学研究，通过科研机构、大专院校、龙头加工企业和社会化服务组织相结合的绿色食品科技新体系的建立，全面推进产、学、研相结合的绿色食品生产、加工、包装和贮藏等关键技术的联合攻关，加快科技成果的转化，提高绿色食品的科技含量，促进产业化发展。

参考文献

陈继昆.2004.我国绿色食品质量保障体系与产业化发展的对策［J］.中国食物与营养（Z）：241-244.

陈继昆.2005.中国无公害农产品质量保障体系与产业化发展的对策［J］.中国农学通报（5）：461-464.

段兴祥，陈继昆.2004.绿色食品认证监督与产业化发展的建议［J］.农业环境与发展，21（2）：1-3.

严可仕.2004.福建绿色食品发展的现状及对策研究［J］.中国食品与营养（3）：54-56.

新常态下绿色食品基层监管工作探讨[*]

张爱东

(江苏省宿迁市宿城区农业委员会)

一、绿色食品基层监管工作现状与问题

随着人们物质文化生活水平的不断提高，农产品质量安全工作越来越受到关注，当前党中央国务院将其提升到关乎执政能力的高度。绿色食品监管作为农产品质量安全监管的一个重要内容，在适应经济发展新形势、促进农业结构调整、转型升级、提高人们生活水平等方面，已经起着非常重要的作用。当前绿色食品现已建立并推行了企业年检、产品抽检、市场监察、产品公告 4 项基本监管制度。通过企业年检检查督促落实绿色食品标准化生产，开展产品抽检发现和处理质量不合格产品，实施市场监察纠正违规违法使用标志行为并查处假冒产品，发布产品公告公开获证和退出产品信息，有效加强了国家、省、市级三级监管体系建设，全面推进了绿色食品监管措施落实，有效保障了绿色食品质量安全，推动了绿色食品产业稳步发展。但是，当前有些基层绿色食品监管责任落实不到位，绿色食品监管责任意识不强、责权不清的问题比较突出。部分县乡存在着重认证轻管理、重年检轻日常监管的现象，监管力度不够；各级绿色食品办公室在监管方面投入的力量远小于在认证方面的投入；监管信息化进度慢，尚未将相关基层单位纳入信息化体系，尚未实现与外界平台的信息资源共享和交互；生产经营主体自律意识不强，仍然存在一些不规范行为；监管工作相对比较薄弱，与农产品质量安全监管融合不够，与农业部绿色食品管理办公室、中国绿色食品发展中心工作要求，与社会广大消费者希望还存在一定的差距，存在一定的监管薄弱环

---

  * 本文原载于《安徽农业科学》2015 年第 28 期，293-294 页，324 页

节与漏洞，亟须进一步完善监管措施、切实提高基层绿色食品监管能力。

二、绿色食品基层监管工作思路探讨

依据《中华人民共和国农产品质量安全法》"县级以上人民政府农业行政主管部门负责农产品质量安全的监督管理工作；县级以上人民政府有关部门按照职责分工，负责农产品质量安全的有关工作"等法律条款规定，逐步建立以行政执法为主导，行业自律为基础、属地管理为保障的监管工作体制。督促绿色食品监管员履职尽责，实施企业年检、监督巡查、监督抽检、标志市场监察，做好咨询服务及绿色食品宣传培训工作。通过完善监管体制机制，落实属地原则，明确企业主体责任，逐步建立起"以行政执法监督为主导、工作机构监管为保障、企业自律为基础"的监管体制机制，坚持并完善问题企业和产品退出淘汰机制。

（一）建立健全绿色食品质量安全追溯管理体系

2014年年底，农业部与食药总局联合印发的加强食用农产品质量安全监管工作的意见，也将绿色食品列为市场准入、追溯体系建设的基础。每个获证企业要尽快建立产品质量安全追溯管理体系，及时录入基地准出的每批次绿色食品产品生产信息，详细录入生产日期、产品批量、原料产地、生产管理人员、生产主体、联系方式、质保期限、产品规格及质量标准等准确生产信息，引入二维码产品身份识别与询功能，逐步完善更新维护平台数据，面向消费者进行公开查询方式，接受社会公众监督，维护消费者的知情权与监督权。江苏省可以按照DB32/T 2368—2013《食用农产品质量安全追溯管理规范基本要求》建立绿色食品质量控制与保证体系，通过建立覆盖企业基本信息、投入品采购、生产批次管理、作业管理、上市质检、标志管理与交易等关键环节的全程信息管理，达到对追溯单元的信息追溯要求。同时，根据《关于申报2015年省级农产品质量安全追溯管理示范单位的通知》（苏农质〔2015〕3号），借助江苏省农产品质量安全追随管理示范单位项目财政资金支持建立企业内部绿色食品质量追溯管理应用系统，申报主体限"三品"生产企业。

（二）认真做好绿色食品证后年检工作

监管员对辖区内绿色食品标志使用权的企业在一个标志使用年度内的绿

色食品生产经营活动，产品质量及标志使用行为实施监督、检查、考核、评定等。依据《江苏省绿色食品企业年度检查工作规范实施办法》规定开展年检工作，及时发放收取《绿色食品企业年度自查表》，选择适当时期，最好选择在产品集中上市期间开展绿色食品年度监督检查，依据事实填好有关质量控制评价表，采取召开座谈会、查阅工作资料、随机访谈员工以及实地查看各环节等检查方式，重点检查产品生产过程中农业投入品使用与管理、产品包装标志使用、生产操作行为、产品有效质量证明凭证和质量追溯措施等关键环节关键措施落实情况。客观公正地予以评价，依照评价表项目逐条评分，不合格项或需要说明情况予以标明，当场向生产经营主体反馈检查结果，说明有关整改要求或有益建议，充分听取被检查者的情况说明及有关问题的陈辩，双方无异议后，现场履行有关年检检查手续，对于检查合格或者在规定时限完成整改并经检查合格后予以证书盖合格年检章，并将有关年检工作资料整理归档。

（三）扎实开展绿色食品证后监督抽检

配合各级农业主管部门做好绿色食品专项监督抽检工作，原则上在 3 年证书有效期间至少开展 1 次监督抽检，鼓励与督促生产经营主体每年自行开展绿色食品产品自行送检 1 次，同时地方农业行政部门可以主动联合质监部门定期开展初加工绿色食品产品质量监督抽检，在重大节假日期间加大产品抽检力度，严格市场准入把关，保证绿色食品生产源头质量合格，切实提高绿色食品的社会公信力与认可度。对于抽检不合格产品及时通知企业召回有关批次不合格产品，开展问题调查，找出问题根源，指导企业整改，对于问题严重，存在严重的违法违规生产行为的企业坚决予以注销绿色食品证书，坚决让其退出市场。鼓励地方把绿色食品产品纳入日常农产品质量安全例行监测对象、纳入风险监测对象、专项整治对象，定期或不定期开展抽检工作，紧逼绿色食品生产主体自觉按照绿色食品标准加强自身生产管理，始终绷紧质量安全管理这个弦，把绿色食品标准措施落实到位。江苏省每年开展一轮"三品一标"农产品监督抽检工作，地方可以根据实际情况开展绿色食品监督抽检与风险监测抽检。

（四）合力开展绿色食品生产监督巡查

切实把绿色食品监管工作提升到农产品质量安全监管层次，地方可以把绿色食品日常监督管理列为地方农产品质量安全监管监督巡查一项重要内容，组织农产品质量安全监管、农业执法、种植业技术指导、畜牧兽医、动物卫生监督等部门联合开展绿色食品生产专项监督巡查，也可以纳入农产品质量安全监管对象开展综合性监督巡查，力求巡查全年全部覆盖到位，严肃查处违法违规行为，切实规范绿色食品生产行为。同时，大力培训乡镇农产品质量安全监管员与村级协管员，普及绿色食品生产有关法律、法规、技术标准等有关知识，有益补充扩大绿色食品监管员的候补人员队伍，初步推广绿色食品监管深入到乡村最底层一级监管模式，解决监管"最后一公里"不足问题，切实形成强大的绿色食品监管网，切实保证绿色食品质量稳定、优质营养的公共品牌形象。根据《开展 2015 年江苏省农产品质量安全绩效评价的通知》（苏农质〔2015〕8 号）江苏省乡镇一级可以结合农乡镇产品质量安全监管"三定一考核"网格化监管模式加以落实，就是"定人员、定对象、定任务、年度绩效考核"，确保绿色食品监管对象全覆盖。

（五）广泛宣传绿色食品品牌，倡导绿色食品消费

像抓食品安全宣传一样抓好绿色食品宣传，面向社会广泛宣传绿色食品质量品质与品牌美誉度，引导消费者正确选择绿色食品，正确辨别绿色食品真伪，维护好消费者权益，吸引社会关注绿色食品产业，提高消费绿色食品愿望，积极监督绿色食品生产，主动拿起法律法规武器维护好自身生命健康权，为政府层面绿色食品监管管理建言献策，集社会智慧共同监督管理好绿色食品生产。保证绿色食品公信力，增加绿色食品消费需求，逐步提高绿色食品生产效益，促进绿色食品生产与消费良性发展。积极探索专业流通体系建设，支持专业物流企业及绿色食品协会等社会机构推广绿色食品专业营销网络，促进厂商合作、产销对接。地方政府可以通过参加或举办各种优质农产品展销会积极推介与宣传地方绿色食品产业，对外扩大绿色食品知名度，如参加全国农产品展销会、江苏省优质农产品国际洽谈会、江苏省优质农产品上海交易会、中国绿色食品博览会等，也可以通过媒体广告宣传、旅游观光推介、网络销售平台等形势推销地产绿色食品，如开办淘宝网店与京东网店、加盟江苏省放心吃网、设立景区土特产品专卖区等。

（六）严肃查处绿色食品生产经营违法违规行为

认真开展绿色食品市场监察，完善绿色食品标志使用与管理规范，细化假冒标志、造假掺假、以次充好、使用违禁药物等行为法律责任，加大惩处力度，提高违法违规成本，切实用制度约束好生产经营行为，全国上下开展

一次绿色食品拉网式市场大检查，彻底清除冒牌、劣质、包装不规范的产品，依法依规从严处罚，该整改的及时责令整改，该注销商标坚决注销、该重罚要从高标准处罚，构成违法行为及时移交司法机关处理，同时视情况面向获证企业进行内部通报，警示获证企业以此为戒，自觉放弃不正当竞争的侥幸心理或自行消除违法违规行为。例如，宿迁地区每年 6 月食品安全宣传周期间，农业部门联合工商、食药部门开展绿色食品市场联合巡查行动，严厉打击绿色食品冒牌、劣质、一标多用等违法违规行为，有效遏制违法违规行为发生。

（七）及时处理好绿色食品社会性突发事件

当辖区内发生绿色食品突发性事件时候，绿色食品监管员要保持镇静，积极妥善处理好有关事项，要及时向有关领导与上级主管部门报告事件发生情况与态势，未经允许不得随意泄露或传播事件信息，建议地方政府及时采取强制措施封存有关产品，召回有问题产品，控制有关违法行为发生，对组成事件调查小组迅速介入调查，评估事件有关危机风险，研究落实有关事件处理措施，有效控制事件态势发展，及时消除绿色食品生产经营问题，视情况及时发布事件调查处理的进展，消除事件造成的社会信任危机，逐步稳定平息事件的影响，巩固与提高绿色食品的社会公信力。对于辖区外的绿色食品突发事件，监管员应向部门领导报告并提出有关应对措施，摸清辖区内绿色食品生产经营状况，必要时候开展专项监督抽检，掌握事件中产品质量安全状况，依检测法律凭证进行查处，及时排查消除辖区内相应问题，保证辖区内不发生不可控制的类似事件。同时，加强绿色食品风险预警工作开展，加强预警信息员队伍建设，2015 年重点开展稻米产品风险隐患排查，在江苏地区加大绿色食品稻米监测力度，适当增加转基因成分监测项目。

（八）完善基层绿色食品监管信息平台建设

积极推动省、市、县三级农产品质量安全信息化建设，实现监管等信息的纵向和横向串联。借鉴江苏省农产品质量安全监管中建立省级监管信息平台的举措，尝试建立以省级为单元的绿色食品监管信息平台，要求对省内的所有监管员工作纳入监管平台进行考核管理，及时上传年检信息、监督检查信息、产品包装使用信息、宣传培训信息、监管对象基本信息等，有条件地方可以推广应用平板电脑终端移动监督方式，第一时间上传监督检查信息，各监管员可以通过监管平台交流学习，上级监管部门可以发布工作通知、最新绿色食品标准、行业动态等，现有的绿色食品标志审核平台（金农工程）可以链接到监管平台之中，实现监管与审核高度信息化，有效提高绿色食品工作效率。宿迁地区目前正在筹建地区农产品质量安全监管信息平台（包括"三品一标"监管内容）。

参考文献

常筱磊，赵辉 .2015. 绿色食品信息化业务平台建设现状及发展思路探讨 [J]. 农产品质量与安全（3）：23-25.

陈晓华 .2015.2014 年我国农产品质量安全监管成效及 2015 年重点任务 [J]. 农产品质量与安全（1）：3-8.

王运浩 .2014.2014 年我国绿色食品和有机食品重点 [J]. 农产品质量与安全（2）：16.

王运浩 .2015. 在全国"三品一标"工作会议上讲话 [R].

杨朝晖，赵欣 .2007. 绿色食品监管现状、问题和对策 [J]. 中国食品与营养（8）：62.

中华人民共和国农业部 .2012. 绿色食品标志管理办法 [EB/OL].［2012-10-01］. http://www.greenfood.org.cn/zl/zcfg/201305/t20130513_ 3459175.htm.

强化全程监管　推进绿色食品产业健康发展——以宜昌市为例浅谈绿色食品质量安全监管

陈丽琳[1]　余文畅[1]　熊佳林[1]　王晓宇[1]　胡盛新[2]

(1. 湖北省宜昌市农业生态与资源保护站;

2. 湖北省宜昌市农产品质量安全监督管理办公室)

宜昌市位于湖北省西部,地处长江上中游结合部,辖区内气候温和、降水量充沛、土质肥沃,发展特色农产品具有得天独厚的条件。近几年来,宜昌推进农业结构调整,大力实施"一村一品、整村推进"工程,全市柑橘、蔬菜、茶叶、畜牧、水产、中药材等特色产业快速发展,农产品精品享誉国内外。截至2015年10月,获农业部认证的绿色食品达到166个,生产规模达到5.83万公顷,年产量达到89.01万吨。随着绿色食品认证规模的不断扩大,宜昌市绿色食品工作机构强化绿色食品生产示范带动、创新准出准入、加强诚信建设、跟踪质量监测、构建追溯体系,全市绿色食品实现了"绿色、安全、有标准、可追溯",确保了人民群众"舌尖上的安全"。

一、绿色食品质量安全监管举措

(一)以示范基地带动绿色食品安全生产

经过多年创建,截至2015年6月,宜昌市国家级绿色食品原料标准化示范基地达到3个,省、市、县农产品标准化生产示范区达到9个,示范区规模达到6.41万公顷,示范品种包括柑橘、茶叶、水稻、蔬菜、油菜等农产品。在推进大示范区建设的同时,宜昌市政府在2012—2016年间连续5年每年拿出210万元,每年在全市创新开展42个农产品标准化示范基地建设，目前已建成标准化示范基地 168 个。通过多形式的示范基地建设，既规范了农产品生产方式，又提升了农产品生产经营水平，从而从源头管住了质量安全，实现了经济效益和社会效益的双丰收。目前宜昌市基本实现无公害生产，产品质量安全水平达到国家标准或行业标准，示范基地产品质量抽检合格率达到 100%，城区市场农产品抽检合格率稳定在 98% 以上，县乡市场农产品抽检合格率达到 95% 以上。

（二）以落实责任创新绿色食品准出准入

宜昌市积极探索创新监管模式加强绿色食品产地准出，宜昌市农业局 2014 年 11 月在点军区朱市街社区郭家岭蔬菜基地，在江苏省率先开展了以"农户承诺制、农户联保协议制、监管责任制"为核心的"三制"监管制度试点，基地的 143 个蔬菜自产自销农户向社区签订了承诺书、自由组合的 28 个联保小组签订了农产品质量安全联保协议，同时街办与社区也签订了监管责任书，农户承诺按照"自觉守法、互相监督、信用联保、责任共担"的原则，确保了绿色食品质量在生产环节的安全。同时，为确实加强绿色食品市场准入，宜昌市农业局在宜昌市最大的物流基地——三峡物流园还开展了储运环节的质量安全监管创新，编制了《三峡物流园农产品储运环节质量安全节点监管试点实施方案》，通过实施绿色食品销售前的储藏与产品准出节点监管、运输车辆登记节点监管和三峡物流园入园检测节点监管 3 个节点监管的高度结合，落实了各环节的安全责任，探索创新了绿色食品在储运环节的监管机制，确保了不发生重大农产品质量安全事故，在宜昌市发挥了十分重要的示范引领作用。宜昌市"三制"监管制度试点和在三峡物流园储运环节的监管试点模式，核心是落实责任制度和严格责任追究，也是宜昌市覆盖从农田到餐桌全过程农产品质量安全监管的创新举措。

（三）以诚信建设促进绿色食品企业自律

为提升农产品生产经营单位的整体诚信水平，2014 年宜昌市农业局按照"属地管理，分级负责"的原则，制定了《宜昌市农产品质量安全诚信体系建设实施方案》和《宜昌市农产品质量安全红黑榜管理制度》，建立了农产品质量安全诚信体系建设的基本框架和运行机制，制定了农产品质量安全诚信评价等级标准以及分级管理模式，力争到 2016 年所有农产品生产企业（合作社、基地）建立起信用档案、80% 以上食用农产品生产企业开展诚信体系建设工作。2015 年 4 月和 9 月分别发布了宜昌市第一批、第二批农产品质量安全红榜名单，27 家农产品生产企业（合作社）榜上有名，切实增强了农产品质量安全监管，有力推进了农产品质量安全诚信建设制度化。

（四）以质量监测跟踪绿色食品安全水平

近年来，宜昌市加强农产品质量安全监督检测体系建设，全面提升绿色食品监测能力，2015 年年底申请中央投资的市级农产品检验检测中心项目可以投入使用，9 个县市区也多方筹资新扩建农产品质量安全监督检测场所，购置检验检测设备，引进专业技术人才等，大大增强了农产品质量安全检测能力。在重点强化全市绿色食品监督检查的同时，还开展了农业投入品市场、生产基地、生产环节、绿色食品生产企业等多项执法专项检查，为质量安全真正起到了保驾护航的作用。2015 年年初，宜昌市绿色食品管理办公室按照"最严谨的标准、最严格的监管、最严厉的处罚、最严肃的问责"原则，印发了《宜昌市"三品一标"产品质量监测行动方案》，与宜昌市农产品安全管理办公室、执法支队、检测站联合开展质量安全监测，力争每年对所有获证的绿色食品进行全面监测、每 3 年对所有获证的"三品一标"产品进行一次全面监测。

（五）以质量追溯构建绿色食品监管长效机制

建立农产品质量安全追溯系统，既是构建农产品质量安全管理长效机制的重要内容，又是落实责任管理的重要保障，同时也能提高农产品质量安全突发事件的应急处理能力、提高政府管理部门对农产品质量安全的监管效率、增强消费者的安全感。宜昌市 2012 年正式启动了农产品质量安全追溯管理系统项目建设，目前农业部门对全市 126 个农产品标准化示范基地统一免费安装了质量追溯系统软件，投入 3 000 万元规划建设柑橘、茶叶和高山蔬菜三大主导产业的追溯系统。从 2015 年 6 月开始在宜昌市逐步推行了农药经营处方单制度，作为全市绿色食品安全监管的一项创新性工作，有效保护了农药经营业主和农民双方合法权益，做到了农药投入品有据可查。同时还把以往对城区 97 个农产品销售市场进行网格管理的巡查模式和工作经验逐步推广到宜昌市广泛分布的生产企业和合作社的管理上，在江苏省率先成立了乡镇农产品质量安全监督管理站，在乡镇农技服务中心加挂"农产品质量安全监督管理站"牌子，目前全市已有 68 个乡镇完成了挂牌工作。通过工作机制的创新和工作机构的建立，逐步实现了企业产品质量可追溯、政府部门监管指令畅通、公众可追溯产品来源的管理目标。

二、绿色食品安全监管存在的问题

（一）绿色食品标准化程度偏低

近几年，宜昌市虽然大力加强标准化示范区、基地建设，但全市农产品生产主要为分散经营，传统的生产观念和生产模式仍占据主导地位，生产记录不健全不规范、绿色食品生产技术规程和产品质量安全标准难于完全落实。甚至有少数生产者、加工者、销售者采取过量使用化肥、农药、饲料添加剂、保鲜剂等手段来追求最大经济效益，这些都难以适应标准化生产要求，无法从源头上保证农产品质量安全。

（二）绿色食品诚信意识依然淡薄

当前，宜昌市农产品质量安全信用体系还刚刚起步，农产品生产者和经营者对诚信认识还没完全到位，作为农产品质量安全的第一责任人意识还不强，诚信经营意识还不够，缺乏应有的责任感。部分申报企业存在着重视申报、轻管理的现象，产品通过认证后证书常常束之高阁，农产品标准化生产和质量安全管理往往流于形式，制假售假、违规使用投入品、非法添加使用禁用物质等问题仍然存在，从而成为绿色食品质量安全的严重隐患。

（三）绿色食品检验检测能力较弱

目前宜昌市基层农产品质量安全检测机构成立时间较短，开展检测工作必需的人、财、物等资源配置严重不足。在人员安排上，多为兼职检测人员，无专职检测人员编制；在经费支持上，多数检测机构存在有设备缺少运转经费的问题，无法完全保证区域内农产品监督检验检测任务的完成；在仪器配备上，县级站普遍缺少气相色谱、液相色谱等检测仪器，大部分生产基地和专业合作社还未建立起检测网点或开展自检工作，无法保证产品检测合格后才能进入市场。

（四）绿色食品可追溯链条不够完整

建立全链条的追溯系统，要涉及种植基地、产品生产企业、物流运输企业、销售终端等多个环节，某一个环节或某一家企业质量安全出现了问题，就影响了整个质量安全。就农业部门监管的生产环节来看，除了具有一定规模的企业对其种植过程、用药数量能掌控之外，大部分散小农户的种植、养殖生产难于有效组织，致使农产品质量难以实现全面追溯。

三、加强绿色食品质量安全监管对策

（一）推进农业标准化建设

据调查研究发现，凡是农业产业化和标准化程度高的地方，农产品质量安全工作相对开展得更好，对龙头企业、农民专业合作社监管起来更加有效，一旦发现问题，处理起来也相对容易。反之，对松散的农户实现有效监管较为困难。因此，应进一步推进农业产业化和标准化基地建设。一是政府和农业主管部门要真正把推进农业产业化和标准化建设作为推进农业现代化、提升农产品质量安全水平的重要工作来抓，加大政策支持力度和财政投入力度，大力培育和扶持龙头企业、农民专业合作社、家庭农场和种养大户等新型农业生产经营主体，适度流转土地，不断扩大生产规模，从而吸纳或带动更多分散经营的农民实施标准化生产。二是以"三品一标"工作为重点，通过环境监测、现场检查、产品抽检等手段，督促生产者落实全程标准化生产管理，实现产品规模、质量和品牌的全面提升。三是创新农产品质量安全标准，建立系统的农产品质量安全标准化体系，健全产地环境安全标准、农产品安全生产过程控制标准以及相应的农产品检验检测方法、标准等，并根据实际发展情况及时修订和完善。

（二）加强生产源头监管

一要继续深入开展各项专项执法检查，集中人力物务、整合资源，从生产、流通等环节入手，依法对辖区内农业投入品经营单位、农产品生产企业进行全面登记，明确企业质量安全主体责任，落实农业部门监管责任，督促建立生产销售记录档案，逐步推行高毒农药定点经营和农药市场准入制度。二是继续实施农资抽检与公告制度，加大对不合格农资的处罚力度，全面禁止高毒、高残留农药进入市场流通环节。三是大力推广农业病虫害绿色防控防治，在绿色食品生产中出现的病虫害防治要以农业防治、物理防治、生物防治为主，以最大限度地减少农药使用。

（三）增强检验检测能力

一是加强检验检测机构综合能力，配备更新仪器设备，吸收专业检测人员，开展技术培训，实现人员、设备、场所的"三到位"，保证基层农产品检验检测的日常需要。其中，县、乡级检测机构主要侧重于多功能的快速检测以及生产过程中的农产品质量检查监控，以日常监督管理为主；基地和企业的检测则要侧重基地源头自检为主，确保产品质量。二是打好"三品一标"产品质量监测战役，加大例行监测和监督抽检力度，重点对蔬菜、水果、茶等高风险农产品增加抽检频次，加强对专合组织、家庭农场、种养大户的抽检力度，为周边农户起到示范和带动作用。三是收集、整理绿色食品监管数据，开展农产品质量安全风险评估和预警预报工作，对农业生产中的风险隐患和危害因素进行综合评价，将监管关口前移，及时发现和预防农产品质量安全的风险隐患。

（四）强化追溯体系建设

以"宜昌市农产品质量安全公众查询平台"为基础，继续强化绿色食品质量安全可追溯。一是强化农业投入品可追溯管理，以禁止违禁农业投入品进入生产基地为目标，推行农产品生产基地农药、化肥等投入品统一购买、统一使用，建立生产资料采购和使用清单，包括肥料、农药名称、登记证号、剂型、地块号、防治对象、时间、用量、次数、安全间隔期等，并将所有信息录入企业管理系统实现可查询、可追溯管理。二是强化生产环节可追溯管理，依据《中华人民共和国农产品质量安全法》规定要求农产品生产企业做好生产记录，如种植业要建立好生产档案，做好全程农事操作记录，包括种子、农药、肥料田间使用记录，收获产量和产品收购、销售记录等。三是强化加工环节可追溯管理，在加工企业建立从种植基地采收、验收、贮存到产品加工、产品包装、成品储存等各环节的相应管理记录。四是强化流通销售环节可追溯管理，运用信息技术实现购销台账的电子化，建立农产品流通追溯信息体系，做到流通节点信息互联互通，形成完整的流通信息链条和责任追溯链条。

（五）完善机构体系建设

一是抓住当前国家高度重视农产品质量安全工作的大好机遇，积极争取政策和资金支持，加快健全从市、县到乡镇、村全覆盖的监管体系，加强监管力量，充实监管队伍，落实人员岗位和职责，把农产品质量安全工作纳入各级政府目标考核范围，把相关监管、检测、执法等工作经费纳入各级财政预算。二是重视乡镇农产品质量安全监管体系建设，每个乡镇均要确立专人承担相应工作，把乡镇农产品质量安全监督管理站从一块牌子变为实实在在的基层监管机构队伍，确保其职能落实、经费落实、服务落实。三是充分借鉴宜昌市城区"网格化"管理的先进经验，划分农村绿色食品质量安全监管网格，由村委会干部或农民技术员兼任质量安全监管网格员，在实践中不断探索建立符合我市农村农业实际的监管队伍和运行机制，实现对绿色食品最及时、直接的一线监管。

关于强化全程诚信建设确保
绿色食品"真绿"的思考*

韩玉龙　李　钢　夏丽梅

(黑龙江省绿色食品发展中心)

习近平总书记就农产品质量安全曾有过"产出来"和"管出来"的重要论断，并提出了"四个最严"的要求，这是开展绿色食品质量安全监管必须长期坚持的行动纲领。"产出来"与"管出来"是一个完整的有机整体，"产出来"离不开"管出来"，"管出来"体现在"产出来"之中，只有首先实现"产出来"阶段质量安全，才能为"管出来"奠定坚实的基础。事实证明，绿色食品产品质量安全首先是"产出来"的。在"产出来"这一层面实现质量安全，既需要"硬"的一手，切实强化各项监管措施，同时也需要"软"的一手，加强全过程、系统化的诚信建设。广大绿色食品生产者、经营者作为"产出来"阶段质量安全监管的主体，能否真正讲诚信、讲道德，自觉遵守和执行绿色食品各项生产操作规程，对于确保绿色食品"真绿"意义非常重大。从黑龙江省的实践看，重点是把握好以下4个方面。

一、把握好"源头"，切实强化基地农户
在整个生产过程中的诚信意识

在现阶段农产品分户经营的体制下，农户不仅是绿色食品产品"产出来"的基本单位，也是推进"管出来"的主体力量。只有切实增强基地农户诚信意识，才能把各项监管措施落到实处，确保"种出来"的产品"真

---

*　本文原载于《农产品质量与安全》2016年第3期，12-14页，26页；本文略有改动，发表时篇名为《绿色食品全程诚信体系建设关键控制点探析》

绿"。一是以提升标准到位率为重点，切实强化基地农户执行标准的诚信意识。绿色食品具有与其他食品相区别的一套规则，即在科学、技术和实践经验总结的基础上而构建的标准体系。它也是搞好绿色食品诚信建设的首要条件，如果不遵循标准或者达不到标准，那么，开展诚信建设就是一句空话。几年来，围绕打造过硬的绿色食品产品，黑龙江省已制定并被省有关部门批准的绿色食品生产技术标准近百项，涉及粮食作物、经济作物、山特产品、水产品、蔬菜等多个领域，为绿色食品诚信体系建设奠定了建设的技术基础。为确保技术规程的入户率和到位率，有针对性地开展标准培训，做到每户都有标准化生产技术的明白人，确保标准化全面实施。目前，黑龙江省基地标准入户率达到100%、到位率达到85%以上，绿色食品产品质量基础日益坚实。二是以确保绿色食品"源头"质量为目标，切实强化基地农户使用"投入品"的诚信意识。事实证明，"投入品"控制不好，就难以打造质量过硬的产品，诚信建设也就没有了"根基"。多年来尤其是最近几年，黑龙江省通过制定和实施"投入品"管理办法、监督管理责任制，建立农业投入品专供点和，以及创新监管机制等有针对性措施和办法，不断强化"投入品"控制，引导投入品经销者和使用者自觉按照绿色食品标准，严格销售和使用"投入品"，在生产源头保证绿色食品质量。从2014年开始又在多家绿色食品基地建立了质量追溯点，严格规范"投入品"使用，利用科学手段和先进机制提高诚信建设水平，确保绿色食品原料质量。三是以实施"质量联保责任制"为手段，切实强化基地农户在生产过程中的诚信意识。基地农户绝不是监管的"对象"，而是实施监管的主要推动力量。一方面，要通过建立责任制发挥作用。近年来，黑龙江省在生产基地中推行"质量联保责任制"，实践表明效果比较突出。具体就是做到"三查三看一联"，即查农户，看是否购买违禁"投入品"；查地块，看农户在生产中是否使用违禁投入品；查档案，看投入品使用量和次数，并与奖罚紧密相连。充分发挥互相监督、互相制约的作用，把"种出来"的安全进一步落到了实处。另一方面，要通过教育引导发挥作用。主要是通过农村文化室、有线广播等多种载体，引导基地农户把个人利益和集体利益、国家利益结合起来，在种养殖生产过程中，自觉讲质量、讲安全，严格按照标准开展生产，杜绝使用违禁"投入品"，并勇于反对周围和身边的各种非诚信行为。

二、把握好重点，切实强化各类主体在
生产经营中"自律性"

　　所谓的"自律"是指企业和经营者对诚信行为的自我约束，自我克制，其强调的是内在约束力，具有自发性。事实证明，在绿色食品诚信建设过程中，生产企业、基地农户，以及营业者不是被动的"接受者"，也是诚信建设直接的"实施者"。多年来，黑龙江省注意通过多种手段调动诚信建设主体的主动性和自觉性，变"让我诚信"为"我要诚信"。一是引导企业积极参与诚信建设主题活动，多年来，黑龙江省各地注意充分利用各种有效载体，组织和引导企业和基地农户参与诚信建设活动，在活动中不断增强其质量意识和诚信意识。把企业诚信建设纳入日程，在全省绿色食品工作会议进行部署，确定绿色食品诚信建设宣传年，引导各地组织开展了"十佳诚信绿色食品企业""消费者信得过绿色食品"等一系列活动，把诚信建设不断推向了高潮。特别通过组织各种主题活动，进一步激发了绿色食品负责任人诚信生产、诚信经营的积极性和自觉性，带头讲诚信，践行诚信已蔚然成风。二是组织和引导企业向消费者做出承诺。针对个别企业存在超时用、标准执行不到位等不够诚信现象，黑龙江省注意组织和引导企业参与各种质量承诺活动，通过承诺激励企业参与诚信建设的积极性。多年以来，利用"3·15"活动现场、南极绿色食品专营市场开业仪式和中国哈尔滨国际经济贸易洽谈会（以下简称哈洽会）开幕等重大活动，先后组织了近200家绿色食品企业开展质量承诺活动。2017年年底前，质量承诺将覆盖全部绿色食品和有机食品企业。在哈洽会期间，组织百家绿色食品企业负责人举行质量承诺宣誓，并在质量承诺书签字，得到了现场各界群众和各级领导的充分肯定。这一活动经新华社报道后，全国有500多家网站纷纷转载，在社会上引起了热烈的反响。三是强化诚信建设的社会氛围。充分借助新闻媒体等平台，广泛宣传诚信建设的先进典型，既形成了良好的舆论导向，也增强了企业和基地农户参与诚信建设的荣誉感。特别是2015年，为做好质量承诺和绿色食品品牌的宣传、推介工作，加强了与中央和省级有关媒体的沟通与合作，策划和组织了一系列大规模的宣传造势活动。先后在各级媒体刊发稿件130多篇（条），其中新华社播发9篇（条），黑龙江省电视台播发12篇（条）。与省级报刊合作，连续开辟7个专版，大力宣传质量承诺活动和绿色食品成就，取得了良好效果。哈洽会期间百家企业负质量承诺宣誓活动经

新华社报道后，全国有 500 多家网站纷纷转载，在社会上引起了热烈的反响。

三、把握好关键，积极引导企业在与农户构建利益关系中体现诚信

事实证明，绿色食品企业、基地农户的诚信行为不仅局限于某个方面和某个环节，而且体现在整个绿色食品生产经营的全过程。特别是企业的诚信行为不仅体现在市场上，也体现在基地方面。对市场的诚信主要表现在企业产品质量好，售后服务好，合同履约好；对基地的诚信主要表现在热忱为农户服务，认真履行与农户签订的原料收购合同。从了解的情况看，现阶段大多数企业对市场和客户的诚信比较重视，甚至可以摆上了事关企业发展的高度，但有的企业对基地农户的诚信则重视不够，有的甚至认为可有可无，对企业发展影响不大。毋庸讳言，目前很多龙头企业与基地都建立了各种类型的利益联结关系，对企业自身发展和维护农户权益起到了一定的促进作用。但是，也有一部分企业只注重自身的经济效益，对基地和农户的利益往往都忽视了或者关注程度严重不足，特别是在出现"卖粮难"的年份，常常出现压价收购或者不履行合同的现象，在一定程度上损害了农户的利益。因此，在绿色食品企业诚信建设中，一定要注意引导企业处理好农户和客户的关系，在继续强化市场诚信建设的同时，进一步在基地农户方面加大诚信力度。一方面，要以建立完善"利益联结"为手段，切实强化企业和基地在履约过程中的诚信度。针对以往部分企业和农户诚信度低，经常不履行合同等现象，全省积极引导龙头企业与基地通过契约联结、服务联结、资产联结等多种形式，结成利益共享、风险共担的利益共同体，实现双赢。大力推行"龙头企业+专业合作组织+基地"模式，不断扩大"紧密型"利益联结的范围，提升绿色食品诚信建设水平。目前，黑龙江省联结原料标准化生产基地的龙头企业达到 308 户，其中产值亿元以上的企业 42 户，10 亿元以上的5 户，订单达到 90% 以上。这种紧密的利益"联合体"，免除了农民原料销售的后顾之忧，增收步伐加快。同时，这种利益联合体在给基地农户带来丰厚收入的同时，也使龙头企业建立了稳固的"第一车间"，通过原料提质大幅增效。另一方面，要通过强化企业对基地的服务进一步提升诚信度。从一些成功案例看，企业对基地农户具体是采取"六免"（免费进行科技培训、免费印发标准化生产操作规程、免费咨询、免费进行技术指导、免费进行病

虫草害防治、免费协调农机具秧苗和贷款）和"七有"（科学技术有人教、生产资料有人供、种植方案有人发、病虫草害有人防治、日常种管有人指导、生产困难有人帮赊、秋后余粮有人收）等措施，为基地和农户服务提供涵盖整个农业生产全过程的产前良种实验培育、产中技术指导和产后产品收购、加工及其销售的系列化服务。

四、把握好根本，注意通过不断完善制度机制确保诚信建设成果

绿色食品诚信建设是一个系统工程，搞好诚信建设，既需要企业和基地实行"自律"，也需要通过完善制度机制实行"他律"。对严重失信者，不能仅仅停留在罚款层次、行政处罚层次，而要给予相关责任人刑事处罚，能力处罚（禁止他从事绿色食品生产的资格），对违法企业的商誉给予降级惩罚，使它在巨大经济、法律、社会舆论的压力下克制机会主义行为。

一是建立和完善诚信建设的激励机制。通过制定出台优惠政策，鼓励和引导企业和基地农户诚信生产、诚信经营，打造消费者信赖的产品。对此，黑龙江省明确规定：对年检、抽检合格，无不良诚信记录的绿色食品企业，所需原料基地优先建设，产品认证优先办理，项目申请优先立项。同时，每年召开一次绿色食品原料基地与企业产销对接会，帮助讲诚信的企业建设绿色原料生产基地；协调政府主管部门在铁路、交通运输等方面支持其开辟"绿色通道"，保证绿色食品产品运输畅通。同时，把诚信纳入村规民约，与农村文明户、"星级户"评选紧密结合起来，让荣誉感激励农户诚实守信，生产合格的绿色食品原料。

二是建立和完善诚信建设的约束机制。对绿色食品企业存在各种非诚信行为，黑龙江省则采取了一系列制约措施，如不得评优，不得扶持，不受理大型基地申报；对产品检测不合格、年检不合格和有违规用标等行为的企业，当年不受理项目申报，不受理新产品认证；对被撤销绿色食品标志使用权的企业3年内不受理认证申报。

三是建立和完善诚信建设的监督机制。一方面，强化企业和基地农户自我监督。总结推广了龙江县绿色食品原料生产基地农户"联保责任制"的经验，引导农户相互监督，相互制约，确保每个基地农户都诚信种植，严格按照标准生产。另一方面，强化第三方监督。近年来，根据绿松石品牌诚信建设的需要，黑龙江省年检企业500多个，抽检产品400多个，其中高危产

品抽检率达到30%以上，并在新闻媒体定期公示抽检结果，不仅把部分非诚信行为有效控制在初发阶段和萌芽状态，而且更重要的是不断强化了绿色食品生产者和经营者的诚信意识，在黑龙江省营造了诚实守信，追求质量和品质的良好氛围。

四是建立健全诚信监管队伍建设。搞好企业诚信建设必须搞好绿色食品机构和队伍建设，确保这项工作在各个层面、各个企业都有人抓，有人管。近年来，围绕企业诚信建设的需要，黑龙江省切实强化工作机构和队伍建设，黑龙江省绿色食品发展中心成立了质量监督管理科，负责"三品一标"质量监管工作。黑龙江省负责质量监管的工作人员达到1 300多人，其中专职的600多人，初步形成了纵向到底，横向到边的监管网络。

四川省绿色食品调味品质量
安全监管思路探索

闫志农　彭春莲

（四川省绿色食品发展中心）

调味品是我国居民日常生活不可或缺的原料，是人民生活的必需品，目前全国调味品行业年总产量已超过 1 500 万吨，年总产值为 1 300 亿元，行业一直保持着 20%以上的市场增长率。随着人们生活水平的提高，对调味品的质量要求也越来越高，四川作为调味品生产大省，提升调味品产品质量，对确保消费者餐桌安全具有重要意义。本文就以四川省主要的调味品泡菜、豆瓣为切入点，通过对相关绿色食品企业、基地的调查了解，总结四川省调味品产业质量安全现状，分析其中存在的问题，进一步探索加强四川省绿色食品调味品质量安全监管的思路。

一、发展现状

近几年，四川省政府将泡菜、豆瓣等产业作为特色产业和农业主导产业，给予大力支持，取得了显著成效。目前全省泡菜企业已拥有中国驰名商标 9 个，中国名牌 1 个，国家级产业化龙头企业 7 家，100 多个产品获得绿色食品标志，20 余个产品获得有机产品认证，2013 年全省泡菜产业产值达220 亿元。郫县使用"郫县豆瓣"证明商标的厂家 97 家，20 家企业获得了驰名或著名商标，产品远销美国、加拿大、新西兰、日本、英国等国家和地区。

调味品产业在四川省绿色食品的发展中也占据着重要地位，据统计，四川省绿色食品中，调味品产品 215 个，产品数量占到四川省绿色食品加工产品的 33%，精深加工产品的 60%，涉及全国绿色食品原料标准化生产基地 9个，面积 56.98 万亩。

调味品产业发展对带动四川省农业发展具有重要影响。近年来，为确保绿色食品（调味品）的产品质量，在省市县各级农业主管部门的共同努力下，通过强化监管队伍，加大监管力度，产品质量安全得到了有效加强。

（一）种植基地

四川省绿色食品（调味品）的原料来源包括以当地政府为主体的全国绿色食品原料标准化生产基地和以企业为主体的绿色食品原料基地。

1. 全国绿色食品原料标准化生产基地

主要是东坡、射洪、剑阁等区县的蔬菜、辣椒、榨菜标准化生产基地，基地严格按照"预防为主，综合防治"方针，坚持"绿色防控技术为主，化学防治为辅"的原则进行统防统治。以剑阁辣椒基地为例，种植过程所采取的质量安全控制措施至少包括：①选用抗（耐）病品种，严格实行轮作倒茬；②采用及早拔除病株、摘掉病叶等传统农业种植方式；③通过杀虫灯、黄板、防虫网等物理技术，同时利用瓢虫、草蛉、寄生蜂等对害虫进行自然控制；④在必须使用农药时，优先使用生物农药；⑤在整个作物生产过程中，强化统防统治，做好绿色防治宣传工作，保护环境，避免化学农药的不合理使用。

2. 绿色食品原料基地

部分企业为进一步加强原料控制，通过土地流转、租赁、合同种植等形式，建立绿色食品原料基地，邀请农业部门的专家对基地农户和管理人员进行培训，并派出工作人员，加强基地日常监管，确保基地内农药肥料的安全使用。针对病虫害的防治，主要通过撒草木灰的方式保护种子、根、茎，减少病虫害，防止立枯病、炭疽病的发生。在农药防治不能产生效果时，有针对性的使用生物农药如藜芦碱、香菇多糖等对病虫害进行防治，在基地内积极推广生物有机肥的使用，在各级检测机构监督检测中基地产品都能达到绿色食品要求。

（二）加工企业

对四川省内52家绿色食品（调味品）生产企业的加工环境卫生、食品添加剂使用情况、加工工艺改进等方面进行了调查，结果如下。

1. 加工环境卫生

52家绿色食品（调味品）企业，均采取了相应措施确保加工环境卫生达到绿色食品生产要求，具体情况为：①厂房选址于远离污染源、环境良好的区域；②生产区与生活区用隔墙严格分开；③生产车间用自来水进行清洗，并采用臭氧、紫外线或含氯消毒液等方式进行消毒；④包装车间采用紫外灯杀菌，并安装了纱窗，通风良好；⑤库房产品严格按照离地、离墙要求存放；⑥运输工具定期使用二氧化氯消毒水进行消毒；⑦加工过程中产生的污水经过公司污水处理站处理，达到排放标准后才排入污水处理厂；⑧废弃物严格按照分类处理原则，可回收利用的出售给有需求的商家，不可回收的运往垃圾站。

2. 食品添加剂使用情况

四川泡菜生产过程中，谷氨酸钠、植酸、乳酸等常用于提高泡菜的色泽、风味、组织等品质。从四川省使用添加剂的情况看，不管是品种还是用量都符合 NY/T 392—2013《绿色食品食品添加剂使用准则》的要求。

例如，郫县豆瓣在通过 6 个月以上的盐渍发酵、2~8 个月的翻、晒、露等加工过程后，多种有益微生物得到了生长繁殖，酿成的郫县豆瓣酱香醇厚浓郁，不需要添加任何香精、香料。在实际生产中，郫县豆瓣和泡菜生产企业都积极通过工艺改进，如使用避光、控盐、隔氧等措施进行保质，而尽量不用或少用防腐剂。

3. 加工工艺改进

52 家企业在传承传统工艺的同时，积极加强技术学习，通过现代科技提升产品产量的同时提升产品质量。

大部分泡菜生产企业以符合国家食品安全标准的聚酰胺环氧树脂容器作发酵池，替代了传统方法中的瓷砖、水泥制发酵池，避免了以往瓷砖、水泥发酵池在高盐高温状态下，产生的水泥、瓷砖脱落问题。

传统郫县豆瓣都是露天翻晒，在遇到突然降雨的时候，要靠人工对发酵池逐个加盖，需要大量的人力，为解决这一问题，已有豆瓣企业投入资金，制作阳光棚，既传承了传统工艺中的自然晾晒，又有效起到了防尘防雨的作用。另已有多家企业着手筹建阳光棚。

传统工艺与现代技术的结合，既保留了产品风味，又降低了质量安全风险。

（三）产品质量抽查

在调味品例行抽检中，对豆瓣的铅、苯甲酸、山梨酸、黄曲霉毒素、苏丹红等指标，泡菜的无机砷、铅、镉、亚硝酸盐、苯甲酸、山梨酸、糖精钠、环己基氨基磺酸钠、大肠菌群、沙门氏菌、志贺氏菌、金黄色葡萄球菌、溶血性链球菌等指标进行了检测。多个产品的山梨酸、黄曲霉毒素等指标均是未检出，高于标准要求，无机砷、铅、隔等重金属有所检出，但实测数据远低于绿色食品限定的标准，证明了四川省调味品质量安全的可靠性。

二、存在问题

（一）基地建设有待加强

随着四川省加工企业的不断发展，生产规模扩大，产能提升，原有基地已不能满足企业需求，部分企业为确保原料供应，开始从省外直接购买绿色食品原料，企业对原料需求的增加，对省内基地建设提出了新的要求。

（二）技术能力有待提升

现代的泡菜、豆瓣加工企业均是传统手工业发展而来，生产设备和工艺技术水平的改进还比较迟缓，科学技术研究尤其是对基础理论的研究相对滞后。近年来，科研人员在调味品企业有所增加，高层次人才开始进入，但所占比例偏低。

（三）工艺改进有待突破

低盐发酵技术顺应了现今营养膳食要求，但低盐发酵产品的保质期短，成了另一个需要解决的问题。高温杀菌技术能有效保证产品质量，但高温将导致泡菜质地变软、口感不佳，影响产品品质。

三、对策建议

近几年，四川省调味品市场发展强劲，泡菜的产销量已稳居全国第一，并以每年15%速度递增，涌现出了"吉香居""京韩"等全国知名泡菜品牌。作为川菜之魂的豆瓣，随着川菜的普及以每年20%～25%的速度递增，也将得到进一步的发展。在四川调味品获得国际国内市场认可，市场份额越来越大的时候，针对调味品存在的质量安全因素，如何保证调味品质量，提升产品品质，就显得尤为重要。

（一）加强基地管理，确保原料源头安全

进一步加大投入品管理，倡导"发展与监管并重"的思路，强调从源头加强绿色食品监管，严格按照 NY/T 393—2013《绿色食品 农药使用准则》和 NY/T 394—2013《绿色食品 肥料使用准则》的要求实施生产。一是全国绿色食品原料标准化生产基地，加强标准化基地负责人和管理人培训，要求各基地严格按照组织管理、基础设施、生产管理、农业投入品管理、技术服务、监督管理、产业化经营七大体系要求，严把基地产品质量关。从种子选择、种植时机、施肥、农药、采收时间等对农户进行指导，保证原料品质的一致性。同时，加强与农业执法队伍的交流合作，严格执行投入品公示、准入的原则，把好投入品关。二是绿色食品原料基地。进一步加强基地负责人的宣传培训，通过基地负责人的带动，指导基地农户科学用药，同时结合企业年检、续展等工作加强对企业基地的监督管理。三是针对从省外购买原料的企业，督促企业强化基地管理，加强企业产品原料的现场检查。同时将加强与基地所在地绿色食品管理办公室的沟通协调，共同加强基地生产监督管理，提升产品原料质量，共同推动四川省调味品产品原料的质量安全。

（二）强化企业责任意识，提升企业管理水平

调味品企业是劳动密集型企业，生产员工人数较多，素质良莠不齐，对产品质量安全的意识存在差异，为此，应充分调动企业内检员的作用，加大对企业内检员的培训，通过现场检查和会议培训强化内检员责任意识，突出内部检查员对产品质量的重要作用。通过内部检查员了解公司内部人员实际情况的优势，由内部检查员对普通一线员工进行宣传培训，强化员工责任意识，严格工艺操作程序，从而提升产品质量水平。

（三）倡导企业应用现代科技，优化调味品生产工艺

调味品产业传统特色浓厚，优势明显，但针对部分传统工艺已不能适应现有的工业化发展的情况，就要在保留传承传统工艺的同时，妥善处理传统工艺与现代科技的结合，利用现代科技改善传统工艺中落后不合理的部分，同时，又利用现代科技去提升传统工艺中的精华，从而实现全行业新型工业化进程。

（四）抓好追溯体系建设，提升产品追溯能力

四川省把追溯体系作为提升产品质量，提高产品竞争力的有力抓手。自 2009 年启动绿色追溯系统建设以来，四川省每年投入专项资金开展追溯体系建设，多家调味品企业进入了四川省省级追溯平台，并取得了实质效果。下一步，力争把所有的绿色食品调味品企业都纳入追溯平台内，通过追溯体系建设一方面强化企业内部生产管理，另一方面也在最大限度地完善调味品质量安全管理，以"互联网+"为手段，以现代化信息技术为依托，切实做到"生产有记录、流向可追踪、质量可追溯、信息可查询"，进一步提升包括调味品在内的所有绿色食品的质量安全。

参考文献

陈文化 . 2014. 倾力打造优势特色产业　推动四川泡菜产业发展［J］. 食品安全导刊（11）：8.

陈远铭 . 2007. 用现代高新技术改造、提升传统产业推进调味品产业的新型工业化［J］. 四川食品与发酵，2：1-4.

胡太健、李国斌、韦万文，等 . 2010. 四川泡菜生产存在问题及解决措施［J］. 食品与发酵科技，5：12-13.

黄彬 . 2013. 郫县豆瓣产业发展战略研究［D］. 成都：西南交通大学 .

李幼筠 . 2008. "郫县豆瓣"剖析［J］. 中国酿造，11：83-84.

刘思勋，车振明，周昌豹 . 2009. 郫县川菜调味品产业集群发展战略研究［J］. 食品与发酵科技，3：23-25.

饶箐，尼海峰，涂雪令，等 . 2011. 四川泡菜的产品特点及产业技术发展浅析［J］. 食品与发酵科技，4：1-3.

从我国绿色食品的发展，看贵州绿色食品产业的开发与对策

梁　潇

(贵州省绿色食品发展中心)

一、前　言

食品是人类赖以生存和发展的基本物质，是人们生活中最基本的必需品。随着经济的迅速发展和人们生活水平的不断提高，食品产业获得了空前的发展。但是在第二次世界大战后，一些西方发达国家率先实现了农业的集约化、机械化和产业化，在粮食丰产的同时，由于大量使用化学肥料、化学农药与除草剂，严重污染了人类的栖息环境，并通过受污食品直接威胁着人类的生命安全。追求农业的可持续发展和食品的安全、无污染是世界各国人民共同的心声。因此，在我国倡导和大力开发绿色食品，提高我国食品生产和加工的水平的不断提高，从而拉动我国食品与营养水平的提高和优化，促进人民群众的身体健康。

二、我国绿色食品的概念和产生背景

(一) 概　念

绿色食品指产自优良环境，按照规定的技术规范生产，实行全程质量控制，无污染、安全、优质并使用专用标志的食用农产品及加工品。绿色食品实施"从土地到餐桌"全程质量控制。在绿色食品生产、加工、包装、贮运过程中，通过严密监测、控制和标准化生产。科学合理地使用农药、肥料、兽药、添加剂等投入品、严格防范有毒、有害物质对农产品及食品加工

各个环节的污染，确保环境和产品安全。无污染、安全、优质、营养是绿色食品的特征。

（二）产生背景

20世纪30年代瑞士科学家Muller发现了DDT的神奇治虫功效后，人类对害虫的治理进入了新阶段，Muller因此而获得1948年的诺贝尔奖。然而，人类半个世纪的实践发现，化学杀虫剂在使害虫暂时得到控制的同时又给人类带来了严峻的不良后果——人类的栖息环境遭严重破坏。第二次世界大战后，西方发达国家先后实现了大规模的农业机械化，并将大量的化学肥料输向土地，导致土壤肥力下降，土地的生产能力萎缩和水土流失，最终造成生态环境严重恶化。为了解决常规农业带来的种种问题，1972年，有机农业运动国际联盟（International Federation of Organic Agriculture Movement，IFOAM）在德国成立，开始尝试"生态农业"和"有机农业"，并开始组织生产无污染、无公害的食品。在如此大的世界环境下，我国"绿色食品"概念的提出，源于1989年农业部农垦司在研究制定农垦经济发展"八五"规划及2000年设想时，提出农垦经济要再上一个新台阶，应抓好3件事：一是拳头产品，二是重点企业，三是配套攻关技术。当时，农垦系统已形成了以粮、棉、糖、胶、奶为主的拳头产品，根据绝大多数国有农场地处边远、环境比较洁净的特点，拟发展另一个拳头产品——"没有污染的食品"。为此，农垦司副司长刘连馥专门约请王英嘉、戴小京、曹立群、曹居中、翁永曦、苏林、张明俊、何子泉、严婷婷、宫雁梓、孙国威、徐昌年、魏淑琪、陈丛红等专家、教授及有关方面代表，经过反复讨论，由于与环境保护有关的事物国际上通常都冠之以"绿色"，为了更加突出这类食品出自良好生态环境，因此将"没有污染的食品"定名为绿色食品。绿色食品认证的管理工作由农业部1990年在全国范围内开展的，1992年中国绿色食品发展中心成立，是负责全国绿色食品开发和管理工作的专门机构，隶属农业部。1996年绿色食品标志作为我国第一例质量证明商标，在国家工商行政管理局注册。

绿色食品事业创立之初，正是我国城乡人民生活在解决温饱问题之后向更高水平迈进，农业向"高产、优质、高效"方向发展，国际社会倡导走可持续发展道路之时。这项事业蕴含的保护环境、保障食品安全、可持续发展的理念，是建立科学的生产方式和倡导健康的消费方式的一个富有现实意义和前瞻影响的大胆创新。

三、我国绿色食品的发展

经过 20 余年的探索和创新，中国绿色食品事业借鉴国际相关行业通行做法，结合国情，创建了具有鲜明特色的发展方式。

（一）发展运行模式

绿色食品创立了"以技术标准为基础、质量认证为形式、商标管理为手段"的运行模式，实行质量认证制度与证明商标管理制度相结合。绿色食品标准参照联合国粮农组织（FAO）与世界卫生组织（WHO）的国际食品法典委员会（CAC）标准，以及欧盟、美国、日本等发达国家标准制定，整体上达到国际先进水平。绿色食品认证按照国际标准化组织（ISO）和我国相关部门制定的基本规则和规范来开展，具备科学性、公正性和权威性。绿色食品标志为质量证明商标，依据我国《中华人民共和国商标法》《集体商标、证明商标注册和管理办法》和《农业部绿色食品标志管理办法》等法律法规来监督和管理，以维护绿色食品的品牌信誉，保护广大消费者的合法权益。

（二）技术路线

绿色食品按照"从土地到餐桌"全程质量控制的技术路线，创建了"两端监测、过程控制、质量认证、标识管理"的质量安全保障制度。重点监控 4 个环节：一是产地环境的监控，由环境监测机构依据环境质量标准对产品及原料产地环境实施监测和评价；二是生产过程的管理，要求农户和企业严格按照生产操作规程和技术标准组织生产；三是产品质量的检测，由产品检测机构依据产品质量标准对产品实施检测；四是包装标识的规范，要求产品包装标识符合相关设计规范。

（三）发展机制

绿色食品满足食品质量安全更高层次需求，既是一项增进消费者身体健康、保护生态环境、具有鲜明社会公益性特点的事业，又能够有效地提高生产者的经济效益，因而采取政府推动与市场运作相结合的发展机制。政府推动，主要体现在制定技术标准、政策、法规及规划、组织实施质量管理和市场监督等方面；市场运作，是指利用优质优价市场机制的作用，引导企业和农户发展绿色食品。

（四）组织形式

绿色食品推行"以品牌为纽带、龙头企业为主体、基地建设为依托、农户参与为基础"的产业一体化组织形式。这样既有利于落实标准化生产，保障原料和产品质量，实行产品质量安全可追溯制度，又有利于打造绿色食品整体品牌形象，提高产品的市场竞争力，实现品牌价值，推动农业产业化和"订单农业"的发展，促进企业增效、农民增收。

绿色食品事业创立的发展模式，不仅是我国安全优质农产品生产、加工、流通组织方式的创新，而且也是食品安全保障制度和健康消费方式的创新。这两个具有中国特色和时代特征的"创新"，奠定了绿色食品的制度优势、品牌优势和产品优势，全面提升了绿色食品事业发展的核心竞争力。

与西方发达国家相比，我国绿色食品的实施相对较晚。我国绿色食品工程自 1990 年出台后，就得到了国务院及有关部门的大力支持，经过十几年的艰苦奋斗，其发展已取得长足的进步。1990 年农业部推出了"中国绿色食品工程"，1992 年成立了组织、支持与协调全国绿色食品工程实施的中国绿色食品发展中心，这标志着绿色食品事业的发展进入了系统、有序的发展时期。1993 年中国绿色食品发展中心正式加入了有机农业运动国际联盟（IFOAM），并积极参与了 IFOAM 的各项活动，使我国绿色食品迈出了走向世界的重要一步。1996 年，为打破绿色食品开发所涉及的多行业界限，中国绿色食品协会在北京成立。该协会吸纳了食品科研、生产、储运、销售、监测、咨询等领域的 500 多名会员（包括团体），是一个全国性的绿色食品组织，它的成立对我国绿色食品业的发展有一定促进作用。

经过 20 多年的发展，绿色食品已成为我国优质安全食品的代名词，是我国经济成长和市场化改革的成果之一。世界各国特别是欧美市场巨大且具潜力的有机食品消费需求，为中国绿色食品的出口提供了难得的机遇。此外，中国绿色食品发展中心已同世界上 90 多个国家和地区、500 多个相关组织建立了联系，在质量标准、技术规范、认证管理、贸易准则等方面广泛而深入的交流与合作，为中国绿色食品的出口奠定了良好基础。

四、贵州省绿色食品产业的现状和比较

贵州省绿色食品工作始于 19 世纪 90 年代初，经过了 20 余年的努力，已取得了一定成绩。2011 年，全省有效使用绿色食品标志产品企业 18 家，产品 86 个，绿色食品国内销售总额 114 亿元，出口创汇 7 086 万美元。近年来，贵州省绿色食品发展步伐明显加快，绿色食品产业的发展不仅为农业增效、农民增收、农产品市场竞争力增强起到了一定促进作用，而且为绿色食品产业的进一步发展奠定了良好基础，初步探索出一条适合贵州省绿色食品产业发展的路子。但是，始终没有突破原有的发展规模，与全国相比还有较大差距。

经过调研全国多个省份绿色食品产业的发展历程，对于贵州省绿色食品产业发展最值得借鉴的先进省份是浙江省。该省与贵州省同样于 20 世纪 90 年代初开展绿色食品开发与管理工作，经历 20 多年的发展，该省从试点到推广，从小到大，绿色食品在该省已经成为一大产业，为推进农业标准化，确保农产品质量安全，推动农产品品牌建设，促进当地农民持续征收发挥了重要作用。

浙江省绿色食品产业的发展可以分为以下 3 个阶段。

开创阶段（1991—2002 年）。1992 年，浙江省农业厅根据农业部《关于委托管理绿色食品标志问题的批复》[〔1992〕农（绿）字第 1 号] 和浙江省机构编机委员会《关于省农业厅农场管理局增挂浙江省熟食品办公室牌子的批复》（浙编〔1992〕145 号），正式成立浙江省绿色食品办公室，到 2005 年年底，浙江省完成了市级绿色食品工作机构的组建工作，成立了 11 个市级绿色食品办公室，部分县市区也明确了相关机构和兼职人员负责绿色食品工作，基本组建起比较完善的绿色食品管理服务体系。由于多方原因，在前 10 年间，浙江省绿色食品产业发展速度比较缓慢，2002 年年底，该省绿色食品总数只有 100 个。

快速发展期（2003—2007 年）。2003 年浙江省委、省政府将绿色食品发展纳入生态省考核，各级政府和农业部门对此高度重视、大力支持，推动了绿色食品快速发展。2007 年年底，浙江省绿色食品产品总量首次突破 1 000 个大关，一下子总量规模 5 年增长了 10 倍。

稳定期（2008 年至今）。进入 2008 年以后，浙江省绿色食品发展坚持"数量与质量并重、认证与监管并举"的工作方针，创新发展思路，稳步扩大总量规模，切实加强监管力度，绿色食品进入稳定发展期。截至 2011 年年底，浙江省有效使用绿色食品标志的有 714 家企业 1 147 个产品，已跨入全国先进行列。绿色食品年销售额达到 125.59 亿元，年出口额 1 032.43 万美元。在浙江省获得认证的绿色食品中，加工产品占全部产品的 49% 以上，特别是与人们生活密切相关的农产品开发认证有了新进展，品种不断增加，规模迅速扩大，产业示范带动能力不断增强。

回顾浙江省绿色食品产业 20 余年的发展历程，归纳其成功的做法和经验主要是做到了 4 个 "始终坚持"。

一是始终坚持把绿色食品发展融入到农业农村经济发展大局。始终把促进农业增效、农民增收和提升农产品质量安全水平作为工作的出发点和落脚点，把转变农业发展方式、发展绿色生态经济作为绿色食品工作的重要任务。

二是始终坚持把政府推动、市场拉动作为绿色食品事业持续发展的动力。实践证明，政府领导重视，政策引导扶持、可以为绿色食品营造良好发展环境，品牌创建、优质优价可以调动企业发展绿色食品的积极性，"政府推动、市场拉动" 是推进浙江省绿色食品产业持续健康发展的有效机制。

三是始终坚持把制度创新作为产业发展的内在活动。绿色食品是一项开创性事业，没有现成经验和固定模式可以借鉴，只有不断创新制度、优化机制，才能使产业持久充满生机和活力。

四是始终坚持把体系队伍建设作为产业发展壮大的保障。管理体系和服务队伍是推动产业发展的根本条件，不断加强体系队伍建设，积极发挥体系和队伍的职能作用，是绿色食品事业发展壮大的基础保障。

经过比较对比和分析借鉴浙江省的先进经验，不难看到，贵州省绿色食品产业发展目前尚任处于起步阶段，存在的问题主要有：一是绿色食品原料生产基地面积小，规模化、标准化、专业化程度低，致使绿色食品加工缺乏可靠充裕的原料来源。二是绿色食品标志产品数量少、品种单一。2011 年，全省使用的绿色食品标志产品仅占全国总数的 2 %；实物总量占全国的 0.2%；销售收入占全国的 3%。从产品类别上看，白酒类产品占产品总数的一半以上，发展极不平衡。三是绿色食品产业化龙头企业少。其中国家级绿色食品产业化龙头企业仅仅只有 3 家，认证产品数量为 8 个产品，省级绿色食品产业化龙头企业有 8 家，认证产品数量为 51 个产品，企业生产规模小，产业链短，辐射带动力不强。四是企业技术力量和管理人才缺乏，缺乏统一的协调和组织，大部分企业自身规模小，科技含量低，绿色食品产品数量少，销售市场开拓较薄弱，产业化优势不明显。五是管理机构和工作队伍不适应绿色食品产业发展的需要。目前，多数地（州、市）绿色食品管理机构尚未建立，申报渠道不畅，职能不明确，人员不到位，工作力度不够。浙江省只有省绿色食品发展中心有专职人员 4 人，其他地县无专兼职人员，人员少，服务体系不全，绿色食品质量安全监管任务重，人员、设备及经费等工作手段跟不上国家对农产品质量安全管理的新形势、新要求。在一定程度上影响和制约着全省绿色食品工作的发展。六是绿色食品的市场开拓、销售渠道不多，信息和销售服务网络尚未形成。七是缺乏明确的政策和资金支持。虽然贵州省各级政府很重视发展特色优质农产品，但发展绿色食品、有机农产品尚未明确纳入各级政府及相关职能部门的支持范围，扶持力度不够，缺少资金扶持投入。八是绿色食品的宣传普及力度不够，不少地区和单位对发展绿色食品的重要性认识不足，积极性不高。贵州省绿色食品要加快发展，宣传必须跟上，要让社会、生产者和消费者所认识和接受，形成绿色食品消费观念带动绿色消费，促进绿色市场的发展和壮大。

五、贵州省绿色食品产业面临的开发前景

（一）贵州省发展绿色食品产业的优势资源十分丰富

自 20 世纪 70 年代以来，贵州省先后通过多次开着全省性的广泛征集和有关作物专业组的考察、补充征集活动，已在主要农作物种质资源（主要是本土地方品种资源）的收集、评价等方面取得较大进展。经 2006 年对保存于贵州省农业科学院的各类种质资源库进行重新整理得到以下结果。

1. 农作物种质资源

贵州省农作物种质资源主要包括稻类、玉米、麦类、薯类、油料作物、蔬菜及小杂粮等，各类作物种质资源保存样品数量达 20 585 份，是我国拥有保存样品数量较多的省区之一。

稻类资源。贵州省拥有丰富稻类资源，现已完成编目并入国家种质库的地方本土稻类资源占全国总数的 10% 以上，目前保存的基础样品达 9 004 份，可通过开展鉴定评价，鉴定筛选出一批具备抗病、耐逆、优质等性状优良的品种，在贵州省稻类作物生产中发挥积极作用。

玉米种质资源。在长期自然和人工选择作用下，形成了贵州省特殊生态环境的高山生态型玉米地方资源，现保存样品数量有 1 461 份。贵州玉米地方资源主要有硬粒、马齿、蜡质、爆裂等多种类型，普通具有植株较高、果穗较大、抗倒性较强、生育期偏长等特点。其中糯质（包括紫糯）、高赖氨酸、高蛋白质等优异种质资源丰富，育种利用价值较高，育成的新品种在贵州省内广泛应用。

麦类种质资源。麦类资源主要包括小麦、大麦、黑麦、燕麦和人工创造的小黑麦等作物及其野生近缘植物。小麦是贵州省主要粮食作物之一，栽培历史悠久。在学术界，贵州小麦被界定为中国普通小麦云贵高原类型的贵州高原山地生态亚型，有着较为丰富的遗传资源。现存在贵州省小麦地方品种和引进品种 2 346 份。

薯类种质资源。薯类包括马铃薯和甘薯，现保存种质资源以马铃薯为主。马铃薯因其具有适应性强、抗逆性突出、耐瘠、耐寒等特性，已成为贵州省种植面积仅次于水稻和玉米的三大粮食作物之一。经过省内外收集，引进，现鉴定、整理、保存的马铃薯种质资源 248 份。为加快马铃薯产业的发展，在贵州省农业科学院内增设了贵州省马铃薯研究所等专业机构，马铃薯资源的保护与利用工作得到明显增强。

油料作物资源。贵州省油料作物资源主要有油菜、大豆、花生、向日葵、芝麻、蓖麻等，现有保存油料作物资源 3 840 份。贵州省地方油料作物资源类型丰富，拥有大量优异、特异品质，如无腥味、高蛋白大豆品种资源，耐瘠、抗旱、高含油量、高芥酸、黄色种皮、抗裂果的油菜品种资源。丰富的地方油菜品种资源，为贵州优质油菜育种能够长期在全国保持先进水平，奠定了坚实的物质基础。

蔬菜种质资源。主要包括茄果类、绿叶菜类、豆类、瓜类等，经整理现保存的样品共计 1 380 份。在这些品种资源中含有大量的优良基因，是推动贵州蔬菜生产不断发展的宝贵财富。

小杂粮品质资源。贵州小杂粮（包括部分未被开发利用的农业野生植物）地方品种资源共 1 464 份，其中高粱 328 份、籽粒苋（又名千穗谷）296 份，保存穄子、稗、小豆、绿豆、饭豆和粟等小杂粮资源 581 份。

2. 畜禽种质资源

贵州省畜禽种质资源方面，主要包括猪、鸡、鸭、鹅、黄牛、奶牛、水牛、山羊、马、兔、蜂 11 个物种。已列入国家畜禽品种资源保护名录的有：香猪、关岭猪和矮脚鸡；已列入贵州地方畜禽品种志的有关岭黄牛、西南黄牛、黎平黄牛、贵州马、可乐猪、香猪、关岭猪、黔北黑猪、贵州白山羊、贵州黑山羊、黔北麻羊、竹乡鸡、威宁鸡、黔东南小香鸡、高脚鸡、矮脚鸡、三穗鸭、平坝灰鹅、中国白兔、贵州黑北花奶牛、贵州半细毛羊、贵农金黄鸡、贵州黄鸡等 35 个品种；待审定的畜禽遗传资源有吴川黑牛、贵州下司犬、乌蒙乌骨鸡、绿壳蛋鸡、织金白鹅等 15 个品种；从外国引进主要品种有荷斯坦奶牛、西门塔尔牛、安格斯牛、长白猪、大约克猪、考力代羊、波尔山羊、四川白鹅、闽中麻鸭、柳州铁脚麻鸡、新西兰兔等 19 个。

3. 渔业种质资源

贵州省渔业生物资源方面主要以鱼类资源为主，有鱼种 232 种（亚种），其中，临危鱼类 11 种，贵州特有鱼类 18 种；两栖类动物 18 种，其中，龟鳖目 5 种，蜥蜴目 20 种（亚种），蛇目 78 种（亚种），贵州特有物种 5 种；另外，全省水生植物 129 种（含变种），其中，珍稀濒危水生植物 3 种，贵州特有物种 2 种；水生哺乳类 1 种。

贵州省拥有多种国家重点保护动植物种，已成为我国拥有各类物种质资源保存样品数量较多的省区之一。

（二）贵州省发展绿色食品产业的有利条件

贵州省特色的喀斯特地貌和复杂的农业自然生态孕育了丰富多彩、品种繁多的物种资源，为贵州省发展绿色食品产业提供了得天独厚的资源和生态环境条件。一是生态环境良好。由于贵州省工业化城市化进程较慢，农药、化肥施用水平较低。目前，贵州省农药、化肥每亩的施用量仅为全国平均水平的 19% 和 43%，分别为全国的第二十七位和第二十五位。二是生物资源丰富，种类繁多。全省有可供直接开发的食用植物 500 多种，地方畜禽良种 39 种，经济鱼类 50 余种，这些资源为贵州省绿色食品产业的发展提供了重要基础。三是气候类型多样。贵州省水、热资源充裕，立体气候明显，为绿色食品产业布局、资源综合利用，多元开发和多种经营提供了良好的气候条件。四是拥有一定的物质技术基础。经过多年发展，贵州省绿色食品生产已初具规模，且具一定的市场竞争力。有的绿色食品已初步形成生产、加工、销售一体化的产业化经营格局，并对全省绿色食品产业化发展起着良好的示范和带动作用。

六、贵州省开发绿色食品产业的发展对策

（一）发展要求

贵州省发展绿色食品产业，必须从全国发展的大环境出发，结合贵州省省情，坚持以市场为导向，以农业和农村经济结构战略性调整为主线，以绿色食品生产企业为主体，以优势资源和基地建设为依托，以科技进步和体制创新为动力，以培育、扶持绿色食品龙头企业和发展名特优绿色食品标志产

品为重点，以农民增收、农业增效、农产品市场竞争力增强为目标，建立健全农产品生产体系、科技支持体系、市场流通体系、管理工作体系、质量标准检验检测体系和信息服务体系。把绿色食品产业与无公害食品、有机食品、农业综合开发、扶贫开发及退耕还林还草工程结合起来，走农业产业化经营和可持续发展的路子，逐步推进绿色食品产业向产业化、标准化、市场化方向发展，全面开创我省绿色食品产业发展的新局面。

（二）发展原则

1. 坚持政府引导与市场运作相结合原则

政府引导是发展绿色食品产业的基础。要通过制定和实施绿色食品产业发展规划和政策，积极引导、搞好服务，为绿色食品产业发展创造良好的政策环境和社会环境。市场运作是发展绿色食品产业的关键，要建立规范的市场秩序，按照市场经济规律发展绿色食品产业。

2. 坚持产业化经营原则

产业化经营是绿色食品产业发展的必由之路。要坚持以市场为导向，以绿色食品生产企业为主体，以基地为依托，加强对绿色食品生产企业特别是龙头企业的扶持，强化企业、生产基地和农户的利益联结机制，逐步形成生产、加工、销售一体化经营格局，推进绿色食品产业向市场化、规范化、标准化方向发展。

3. 坚持合理布局、分类指导原则

按照绿色食品产业发展要求，充分发挥资源、经济、技术和市场优势，优化资源配置，科学规划，合理布局。以资源丰富、环境优良和发展潜力较大的地区为依托，以强势企业为重点，以名特优产品、精深加工产品和出口创汇产品为突破口。通过对重点地区、重点企业和重点产品的开发与扶持，带动整体发展。切忌齐头并进、一哄而上、盲目发展、重复生产、重复建设。

4. 坚持科技创新原则

加快新技术、新产品研制、开发和转化，积极引进、消化、示范、推广现代科技成果和管理经验，用高新技术特别是具有自主知识产权的技术，改造传统农业和农产品加工业，努力提高产品科技含量和企业管理水平。

5. 坚持数量与质量相统一原则

绿色食品的发展要与原料基地规模、加工能力和市场需求相适应，把质量与数量、速度与效益紧密结合起来，在保证质量和效益的前提下，加快发展速度，扩大生产规模。

6. 坚持可持续发展原则

合理开发绿色食品产业，利用和保护自然资源以及生态环境，坚持资源开发与保护并重，实现经济效益、生态效益与社会效益协调发展。

（三）发展目标

争取贵州省绿色食品产业初步形成与优势资源和市场需求相适应的生产力布局，逐步形成与之相适应的农产品生产体系、质量标准和监督检测体系、质量认证体系、信息和市场服务体系、支持和保障体系。建成一批具有相当规模的标准化原料生产基地，培育和扶持一批经济实力雄厚、科技含量较高、辐射带动面大的绿色食品产业化龙头企业。开发一批具有贵州特色、市场竞争力强的名特优绿色食品标志产品，建立健全相关的法律、法规，建立和完善市场营销网络，使绿色食品产业成为贵州省重要的产业。

七、加快贵州省绿色食品产业发展的主要措施及建议

（一）大力推进农业产业化经营，实施品牌战略

切实贯彻贵州省委、省政府关于大力推进农业产业化经营的一系列政策措施，积极培育绿色食品龙头企业。鼓励、支持重点龙头企业申报绿色食品标志。在产业化经营中，要重点支持获得绿色食品标志或具备绿色食品生产条件的农业产业化经营重点龙头企业，按照绿色食品的规范要求组织生产，扩大规模，促进龙头企业增效和农民增收，带动绿色食品产业发展。

（二）进一步加强绿色食品基地建设，完善生产技术规程和质量标准体系

各级农业部门在农业结构调整及推进农业产业化经营过程中，要对绿色食品产业的发展进行科学规划、合理布局。选择适销高效的名特优农产品，建设高标准绿色食品生产基地，配合有关部门加强农田水利、无规定疫病区、生态环境，以及储藏、保鲜、加工等基础设施建设，不断改善生产条件。基地建设要与农业综合开发、扶贫开发和农产品商品基地建设相结合，与实施农业标准化和农业示范区相结合，注意保护和改善生态环境。绿色食品生产基地建设要实行规范管理，做到对环境—种养—收获—贮运—加工的

全程质量监督。要大力推广国家认证的绿色食品生产资料，严格控制化肥、农药施用标准，确保绿色食品的质量安全。

（三）依靠科技进步，加强科技创新

充分发挥各级农业科技队伍和科研人员的积极性，加强科技创新，加快绿色食品关键技术的研究和开发；积极引进、消化、吸收、运用和推广绿色食品生产的先进技术，采用先进技术改造传统工艺；加速绿色食品科技成果转化，提高产品科技含量；鼓励开发绿色食品专用肥料、农药、兽药、饲料添加剂等生产资料。积极培养和引进绿色食品产业发展所需的各类人才，采取灵活措施借用"外脑"，鼓励企业与高校及科研院所合作，组织社会力量参与绿色食品的科技开发、转化及推广工作。各级农业部门和生产企业要加强对绿色食品生产者的培训，以适应绿色食品产业发展需要。

（四）培育和开拓绿色食品市场

要以建设绿色食品营销网络为重点，在大中型批发市场设立绿色食品批发销售专柜，培育市场经营和管理主体；推动厂商衔接，发展绿色食品专营点、直销点和配送中心；支持企业与省内外大商场、大超市和连锁店进行合作，建立直销、代销、专卖等关系，扩大市场占有率；引导和支持企业参加国内外商贸洽会、交易会、展销会和博览会，以会展经济为舞台，大力开拓国内外市场；建立绿色食品网页，促进绿色食品产业的发展。

（五）加大绿色食品产业的资金投入

各级农业部门要利用市场机制，多渠道、多层次、多形式吸引各方面资金参与绿色食品产业开发，积极鼓励、引导企业和农民参与绿色食品开发，大力扶持绿色食品产业的发展。

（六）强化绿色食品质量监测和市场管理工作

要严格按照《中华人民共和国商标法》《中华人民共和国产品质量法》《绿色食品标志管理办法》等法律法规，加强绿色食品原料和生产资料的质量监督管理，加大对产品的抽检、公告，规范绿色食品的生产、加工、贮藏和运输，保证绿色食品的质量安全。各级农业部门和绿色食品管理机构，要积极配合工商管理、技术监督等部门，加强对绿色食品生产的全程监控，打击各类制售假冒伪劣绿色食品行为，纠正不规范使用绿色食品标志的现象，

切实保护经营者和消费者的合法权益。

（七）加大对绿色食品产业发展的宣传力度

搞好绿色食品宣传工作，是加快绿色食品产业发展的一个重要手段。各有关部门要采取有力措施，加大对绿色食品的宣传力度。通过电视、广播、报刊等各种媒体，开展多形式、多层次的绿色食品宣传活动和知识讲座，大力宣传发展绿色食品对提高农产品质量安全、增进人民身体健康、增加农民收入、推进农业产业化进程、优化农业结构，以及增强农产品市场竞争力的重要意义，不断提高广大干部群众发展绿色食品产业的积极性，进一步增强食品安全意识和消费观念，引导绿色食品消费，扩大市场需求，为加快绿色食品产业发展营造良好氛围。

（八）切实加强对绿色食品产业的领导和服务

各级农业部门要切实加强对绿色食品产业工作的指导，帮助各地因地制宜、从实际出发，搞好绿色食品产业发展规划和布局，制定绿色食品产业发展措施。把具备良好自然生态环境和资源条件的地方规划为发展绿色食品的重点区域。要进一步加强绿色食品管理机构和队伍建设，贵州省绿色食品办公室要全面负责绿色食品产业发展的综合协调指导、有关政策法规的制定、绿色食品的委托认证、绿色食品的生产过程的监控，帮助企业开展生产技术和管理人员培训。市（地、州）绿办要进一步理顺关系，明确责任，健全机构，充实力量，提高办事效率。各级农业部门要积极鼓励和支持生态环境、生产条件较好的地区和企业开发绿色食品，加强对企业的产前、产中、产后服务，及时帮助企业解决申报中的困难和问题，建立和完善农业信息收集、整理和发布制度，及时向企业提供市场信息服务，确保绿色食品生产的标准和质量，保证贵州省绿色食品的生产向规模化、标准化、科学化、法制化的方向发展。

八、贵州省发展绿色食品还应值得注意的几个问题

（一）"轻目标"和"重规划"的矛盾

制定目标不难，要建立多少个绿色食品生产基地或发展多少个绿色食品说出来很简单，但目前我国许多地方在发展绿色食品时，不管当地是否有资

源，不管产品是否有市场，也不管是否符合当地的产业发展政策，就挂起了大力发展绿色食品的牌子，设立许多"高大全"的目标，盲目地多方筹集资金和劳力等投入建设和生产，却往往因缺乏良好的规划设计而不了了之，浪费了大量的财力、物力和人力，不但没有发挥绿色食品的产业带动作用，反而造成人们对发展绿色食品的偏见和误解。所以实现贵州省发展绿色食品的目标就离不开良好的规划。规划是一项系统工程，首先，要考虑宏观的社会发展背景和项目区微观的社会经济条件；其次，要分析预测产品的市场前景和当地的资源条件，不能盲目的计划把什么都发展成绿色食品，也不能只发展单一产业而破坏生态平衡；最后，在系统分析的基础上，才能提出发展绿色食品的目标和规划发展的内容，提出实现目标的配套措施和实施步骤等。发展绿色食品也是一项系统工程，在有良好资源的基础上，还需要许多行业和部门的密切配合和分工合作，因此需要有良好的规划。

（二）"重效益"和"轻成本"的矛盾

在国外，有机食品或生态食品的价格一般比普通产品价格高 50% ~ 200%，生产者的利益能得到保证，因而也有极大的生产积极性。目前我国也一样，生产绿色食品的成本较普通食品高，原因主要体现在以下几方面：①绿色食品的生产技术要求高标准严，对土壤、大气、水源、卫生指标、理化指标以及危害物质残留指标等的要求严格，因此，要投入更多劳动时间和现代化技术。②生产绿色食品要求禁用或限用农药和化肥等化学合成物质，因而要求有先进适用的技术，如土壤生态培肥与地力维持技术、病虫草害综合防治技术、环境污染控制与综合治理技术、废弃物的资源化利用技术，以及绿色食品的加工、包装、运输与贮藏保鲜技术等与之配套。同时，还要有高效无毒副作用的生产资料，如化肥、农药、饲料添加剂等，以及食品加工过程中的保鲜剂、色素等。然而，目前我国这方面的绿色技术还非常缺乏，绿色生产资料也为数不多，而且价格较高。并且在生产实际过程中，使用符合绿色食品生产要求而不用或少用或限用化肥农药，一定程度上影响产品产量，带来收益的减少。③申报绿色食品必须由有资质的省级检测机构对产地的水、土壤、空气，以及产品的品质、加工工艺、包装、运输等过程进行质量检测，合格后才能获得认证。因此，一个绿色食品标志从申报到认证要花费不少的时间和费用。以上因素决定了绿色食品的生产成本相对比普通产品要高。但在我国，由于多方面的原因，许多绿色食品不可能获得如此高的价格，致使绿色食品的经济效益与普通产品没有明显的差异。这样，绿色食品生产在效益上没有明显优势，成本却要远高于普通产品，从而使绿色食品生产者的利益没有得到保证，必然影响到生产者的积极性，最终将影响我国绿色食品的健康发展。

（三）"重认证"与"轻监管"的矛盾

俗话说："创业容易守业难"。在其他省份发展绿色食品过程中，同样也会遇到这样的问题。目前，各个地方都热衷于申报绿色食品标志，管理部门也主要集中精力于前期的考察与标志审批，相对来说对后期的跟踪管理有所松懈，从而出现原料生产符合标准、加工过程出现污染，或加工产品符合标准、市场流通出现污染等现象，最后到居民餐桌上的真正绿色食品却很少。对已经获得绿色食品标志的生产基地，没有及时进行跟踪监测、检查与后续管理，产品质量有所下降，有的产品甚至达不到绿色食品要求；更有短视的企业为获取眼前的利润而在绿色食品认证过期后（一般有效期3年）不重新申报认证却继续使用过期标志。因而造成了绿色产品市场的混乱局面，消费者真假难辨，进而损害了真正绿色食品生产者的利益，也将从根本上制约绿色食品的健康发展。

另外，由于有些地区对绿色食品标志的管理与监督不严，市场上有不少假冒伪劣的绿色食品出现，如在湖南长沙市场上发现大批假冒享有绿色食品标志的湖南东山峰云雾茶。这种现象的出现除了假冒绿色食品可以赚取较高利润而使假冒者铤而走险外，还有以下几个方面的原因：①绿色食品标识缺乏应有宣传和推广，没能在群众心中留下深刻印象，许多市民对标识的真假难以判别，使不法商家有机可乘；②市场监控力度远远不能适应发展需要，农产品质量监测体系还很不完善；③绿色食品管理机制不健全，缺乏对绿色食品品牌的良好维护。

一个地方拥有良好的资源和生态环境后，只要严格按照绿色食品的生产技术规程进行生产、加工和运输，就可以申报并获得绿色食品标志认证。因此，创立一个绿色食品品牌并不是很难，但要长久的保持这个品牌并始终达到品牌要求的标准就很难。目前，在开创了绿色食品产业的基础上，如何维护和保持绿色食品的声誉，规范绿色食品市场，杜绝假冒伪劣产品的出现，确保绿色食品在公众心目中的健康、营养形象，保持绿色食品产业的良性健康发展，是我国绿色食品发展面临的最重要的课题。

（四）绿色食品生产者和绿色食品消费者之间的矛盾

生产者方面：近20年来，由于化肥、农药等对农作物产量的提高有显著作用，我国以产量目标为主的农业生产对其的依赖程度越来越高，当前阶段，虽然大家都充分意识到可持续发展和绿色生产的重要性，但作为生产主体的农民对发展绿色食品缺乏应有的认识，当发展绿色食品生产与施用化肥、农药发生冲突时，农民选择了提高产量而施用化肥、农药，却放弃绿色食品。这种现象不仅在大田生产中表现相当突出，而且在一些大棚生产中、甚至在一些绿色食品挂牌生产基地也有不同程度的表现。近几年来，随着科技水平的提高，还出现了一些新的影响食品安全的因素，如各种新型食品添加剂的出现、滥用生长调节剂和生长激素的现象，已经成为影响食物安全的新隐患。

消费者方面：当前，不少消费者对绿色食品还不认识、了解不全面、有误解，甚至有人认为地里长的"绿颜色"的庄稼和蔬菜都是绿色食品。还有人认为凡是天然或野生的就是绿色食品，如野菜、野味等。其实，绿色食品是指无污染的安全、优质、营养类的食品，无污染既指生产过程中的无污染，也包括产地环境的无污染，如果产地环境很恶劣，即使生长在野外从不施用化肥和农药的野菜也不是绿色食品，甚至还有可能因毒物聚集而无法食用。

九、结束语

总之，贵州省可用于发展绿色食品产业的种质资源十分丰富，潜力巨大，大力推进绿色食品产业发展，是适应消费者需求，为人民群众提供无污染的安全、优质、营养的农产品，对保护和改善生态环境，提高农产品及其加工品的质量，增进人民群众身体健康，促进国民经济和社会可持续发展具有重要意义，是增强贵州省农产品市场竞争力和开拓国际国内市场的需求，是推动贵州省农业产业化经营，加快农业农村经济战略性结构调整、增强农业收入的有效措施。贵州省应着力解决发展绿色食品产业存在的问题，破解规模小、标准化、专业化程度低，产品数量少，品种单一，龙头企业少，技术力量和管理人才缺乏，缺乏统一的协调和组织，管理机构和工作队伍不健全，缺乏明确的政策和资金支持，宣传普及力度不够等制约因素，着眼于全国绿色食品产业的长远发展，积极谋划、统筹规划，科学定位，规范管理，努力成为绿色食品产业大省。

参考文献

董梅，陆军 . 1995. 绿色食品的起源及发展 [J]. 食品研究与开发 (4)：12-13.

何庆，王敏，唐伟 . 2011. 国内外绿色食品营销发展研究 [J]. 世界农业 (4)：11-12.

刘高强，魏美才 . 2002. 我国绿色食品的现状分析与发展 [J]. 食品研究与开发，23 (4)：18-20.

刘李峰，张晴，武拉平 . 2006. 中国绿色食品出口现状及对策研究 [J]. 中国科技成果 (17)：4-6.

童军茂，王远征 . 1999. 我国绿色食品的现状及发展对策 [J]. 广州食品工业科技，15 (4)：23-26.

魏美才 . 1998. 森林昆虫资源化的前景和问题 [C] //中国林学会 . 中国青年绿色论坛——中国林学会第四届青年学术年会论文选集 . 北京：中国林学会，138-143.

张炳文 . 1997. "中国绿色食品工程"发展现状与趋势 [J]. 食品科技 (1)：4-6.

郑建仙 . 1999. 功能性食品（第 2 卷）[M]. 北京：中国轻工业出版社 .

中国绿色食品发展中心 . 2011. 中国绿色食品 2010 年统计年报〔内部资料〕.

如何更好地发挥绿色食品企业内部检查员的作用[*]

张金凤

（吉林省绿色食品办公室）

绿色食品企业内部检查员（以下简称内检员），是指绿色食品企业内部负责绿色食品质量管理和标志使用管理的专业人员。中国绿色食品发展中心自 2010 年开始在全国推行绿色食品企业内检员制度，颁布实施了《绿色食品企业内部检查员管理办法》，办法明确规定："企业应建立内检员制度，并赋予内检员与其职责相对应的管理权限"，同时，明确了内检员的职责、应具备的资格条件以及申请注册流程等。

经过几年的发展，内检员已成为绿色食品证后监督管理的裁判员、绿色食品生产与管理制度宣传贯彻的教练员、绿色食品相关标准实施的运动员。内部检测员制度的建立，有效地促进了绿色食品企业内部质量管理和标志使用管理，保障了绿色食品产品质量和品牌信誉，提升了绿色食品品牌的认知度和公信度。

但在实际工作中我们发现，个别企业内检员的作用没能很好地发挥出来，有些内检员不清楚自己在企业中应尽的责任和义务，且企业工作人员流动性很大，给企业内部管理带来一定程度的困扰。那么，如何更好地发挥企业内检员的作用？笔者认为应从以下几个方面考虑。

一、加大培训力度，提高对质量监管工作重要性的认识

内检员在企业中起着重要的作用，企业要重视内检员工作，加强对获证

产品质量的监督管理，做到规范使用标志，建立健全各项规章制度。各级绿色食品管理部门更要加大对内检员的培训力度，让他们更好地掌握绿色食品认证、续展、标志使用等相关知识，提高对在产前、产中、产后等环节监管工作重要性的认识，有效地发挥"千条线一根针"的作用，使内检员成为各级绿色食品工作机构的好帮手，熟知企业业务的当家人。

二、加强业务学习，提高企业内检员业务素质

部分企业内检员身兼多职，造成工作无主次，繁忙的业务无法让内检员专心工作。推行内检员制度，标志着绿色食品证后监管体系的进一步完善，也标志着绿色食品工作队伍的不断发展壮大。企业要专门设立内检员岗位，注重内检员个人文化素质的培养，鼓励并支持内检员加强学习，学习绿色食品业务知识及相关法律法规，不断提升内检员的自身业务素质，更好地为企业服务。

三、增强责任意识，认真履行监督检查职责

内检员应增强责任意识，积极参与到企业的全程质量监管，从绿色食品基地环境保护、投入品使用、生产加工过程、标志使用等整个环节都要严格把关。企业应充分发挥内检员的监督检查职能，强化企业自律机制，切实提高企业质量安全管理水平。同时企业要重视内检员工作岗位的设立，应为内检员履职提供良好的工作条件，提高内检员在企业中的话语权，提升内检员在企业中的重要地位，确保内检员发挥好企业产品质量第一守门员的职责。

四、加强沟通与协调，发挥桥梁纽带作用

在企业年检、产品抽检、续展等工作中，很多时候都是绿色食品管理部门第一时间告知，而很少有企业内检员主动联系工作，甚至在管理部门已经告知的情况下，仍有个别企业出现年检、续展工作不及时等现象，影响了工作效率。企业内检员是企业与各级绿色食品管理部门及企业与中国绿色食品发展中心联系的纽带，内检员要加强与各级绿色食品管理部门之间的沟通与协调工作，认真听取管理部门提出的意见和建议，充分发挥桥梁纽带作用，保证各项工作稳定有序地开展。

五、注重培养新人，做好传帮带的作用

企业工作人员流动性大，人才的流失给企业的发展带来了巨大的负面影响，经常是刚刚熟悉相关工作，就有工作调动或离职等现象发生，有的甚至一走了之，不作任何交代，工作无法衔接。高素质的员工队伍是企业稳定持续健康发展的根本所在，这就要求企业能够给员工提供一个良好的发展空间，大型绿色食品企业可设置2名内检员岗位，要求现职内检员要对企业内部员工开展有关绿色食品相关知识的培训，保持企业内检员的稳定性、连续性，做好传帮带的作用。

绿色食品现已发展成为中国特色的优质农产品，内检员制度的建立是绿色食品产业发展的需要，是做好绿色食品质量监督管理工作的关键环节和重要抓手，内检员已成为各级绿色食品管理机构的好帮手。建设一支业务精、能力强、素质高的内检员队伍，有效地发挥内检员在企业中的积极作用，是绿色食品企业抓好源头质量管理的关键，更是绿色食品事业持续健康发展的有力保障。

参考文献

韩沛新 . 2012. 绿色食品质量安全监管成效及近期工作重点 ［J］. 农产品质量与安全（3）：11-14.

韩沛新 . 2012. 我国绿色食品发展现状与发展重点分析 ［J］. 农产品质量与安全（4）：5-9.

刘斌斌 . 2012. 我国绿色食品发展现状与对策思考 ［J］. 农产品质量与安全（6）：18-20.

王运浩 . 2012. 新时期我国绿色食品工作重点 ［J］. 农产品质量与安全（5）：15-16.

张侨 . 2013. 关于提高我国绿色食品认证有效性的思考 ［J］. 农产品质量与安全（1）：23-24.

张玉香 . 2012.《绿色食品标志管理办法》指要及贯彻落实举措 ［J］. 农产品质量与安全（5）：11-14.

散户蔬菜农药残留风险评估和
监管建议*

金　彬[1]　吴丹亚[3]　陈宇博[2]　吴愉萍[1]　吴降星[1]　刘召部[2]

(1. 宁波市绿色食品办公室；2. 宁波市农业生产安全管理总站；
3. 宁波市种植业管理总站)

　　蔬菜是人们每日不可缺少的食物，与每个人的生活密切相关。随着人们生活水平的不断提高、自我保健意识的逐步增强，人们从关注温饱到越来越重视食品的食用安全。现阶段，小农户是我国农业生产经营的主体，小农户生产的农产品的质量安全状况对我国农产品安全与否起着基础和决定性作用。但是以小农户为主的农业生产方式与现行的监管体制仍存在两难的矛盾：一方面，千家万户的小规模生产使农产品质量安全监管工作难度大、成本高；另一方面，现有的监管措施和手段对小农户的针对性不强。双重的矛盾使得农产品质量安全监管在生产环节的实施十分困难。调查市场上散户蔬菜农药残留状况，并通过风险分析，找出当地农户蔬菜生产中风险最大的因素，从而有针对性地加强指导，对把握散户蔬菜质量安全监管重点、提高监管效率具有十分重要的意义。

　　目前国内常用的风险评估方法为危害物风险系数法（Risk coefficients, R）和食品安全指数法（Index of Food safety, IFS）。不少研究人员分别就危害物风险系数法与食品安全指数法在食品安全监管方面的应用进行了探讨研究。本文同时用危害物风险系数法（R）、食品安全指数法（IFS）对2011—2013年宁波市主城区在售的主要六大类散户蔬菜进行了风险评估，旨在探讨不同种类蔬菜农药残留风险的变化规律，以及两种评估方法各自的特点。

---

　　* 本文原载于《农产品质量与安全》2015年第5期，63-66页

一、材料和方法

（一）样品采集

2011—2013 年，每季度（3 月、5 月、9 月、12 月）随机安排 3~4 家农贸市场，抽取市场在售的地产散户蔬菜样品。每个农贸市场每次抽取 5~7 批次样品，每个季度抽取 20~25 批次。3 年共在宁波市江北区、江东区、海曙区 3 个老城区 13 个农贸市场开展 12 次抽检。样品采集按照 NY/T 789—2004《农药残留分析样本的采样方法》、GB/T 8855—2008《新鲜水果和蔬菜取样方法》执行。3 年共抽检地产散户蔬菜 249 批次，包括叶菜类 150 批次、鳞茎类 17 批次、茄果类 27 批次、芸薹属类 23 批次、豆类 15 批次、瓜类 17 批次。

（二）主要仪器及试剂

实验用仪器主要包括：气相色谱 6890N（安捷伦公司，带 FPD、ECD 检测器），液相色谱 U3000（热电公司，带柱后衍生装置，荧光检测器与紫外检测器）。

农药残留分析过程所用乙腈、丙酮、甲醇、正己烷试剂均为色谱纯（美国 TEDIA 公司），实验所用水为 GB/T 6682—2008《分析实验室用水规格和试验方法》中规定的二级纯净水。

（三）样品制备与检测

1. 样品制备

样品采集后不经清洗，简单处理表面的泥土等污物，去除腐烂叶片后，取可食部分经缩分后，将其切碎，放入食品加工器粉碎，制成待测样。

2. 样品检测

每个样品检测 31 项农药残留，包括杀虫剂（敌敌畏、甲胺磷、乙酰甲胺磷、水胺硫磷、甲拌磷、氧化乐果、乐果、对硫磷、甲基对硫磷、毒死蜱、杀螟硫磷、久效磷、三唑磷、甲基异柳磷、马拉硫磷、丙溴磷、氯氰菊酯、氰戊菊酯、甲氰菊酯、联苯菊酯、溴氰菊酯、氯氟氰菊酯、氟氯氰菊酯、克百威、吡虫啉），杀菌剂（百菌清、三唑酮、腐霉利、乙烯菌核利、五氯硝基苯、多菌灵）。农药残留按照国家标准测定，其中多菌灵按 NY/T

1680—2009《蔬菜、水果中多菌灵等 4 种苯并咪唑类农药残留量的测定 高效液相色谱法》测定，吡虫啉按 NY/T 1275—2007《蔬菜、水果中吡虫啉残留量的测定》测定，其他参数按照 NY/T 761—2008《蔬菜和水果中有机磷、有机氯拟除虫菊酯和氨基甲酸酯类农药多残留的测定》测定。采用 GB 2763—2014《食品中农药残留最大限量》对蔬菜进行分类与评价，个别 GB 2763—2014 未涉及的采用 2014 年农业部例行监测限量值判定。

3. 检测质量控制

实验室以双柱保留时间定性、外标法定量。检测过程中做试剂空白和加标回收。其中，每 10 个样品做一个本底加标回收以控制实验过程，一般要求回收率满足 65% ~ 130%；每 10 个样品加一个混合标准溶液以测试仪器状态；并且在有机磷检测过程中，用空白基质配制标准溶液以消除基质效应。

（四）农药残留风险评价方法

1. 危害物风险系数法

危害物风险系数是衡量一个危害物风险程度大小最直观的参数，它综合考虑了危害物的超标率或阳性检出率、施检频率和其本身的敏感性的影响，并能直观而全面地反映出危害物在一段时间内的风险程度。在经过危害物识别、风险分析后，运用危害物风险系数公式计算出来的 R 值将提供一个重要而直观的依据，对其中风险程度较高的危害物，可以进行重点监测。其计算公式如下：

$$R = aP + \frac{b}{F} + S$$

式中，P 为该种农药残留的超标率，F 为该种农药残留的施检频率，a 和 b 分别为相应的权重系数。S 为敏感因子，可以根据当前该危害物在国内外食品安全上关注的敏感度和重要性进行适当的调整。式中的 P、F 和 S 随考察的时间区段而动态变化，可根据实际情况采用长期风险系数、中期风险系数和短期风险系数等。本文采用长期风险系数（1 ~ 3 年）进行分析。设定权重系数 $a = 100$，$b = 0.1$；由于本文数据均来源于正常施检，可设 $S = 1$；被评价有害农药残留在所有样品中均检测，故 $F = 1$。

计算的结果若 $R \leqslant 1.5$ 时，该农药残留危害物低度风险；$1.5 < R \leqslant 2.5$ 时，该农药残留危害物中度风险；$R > 2.5$ 时，该农药残留危害物高度风险。

2. 食品安全指数法

按照 WHO GEMSP/Food 的观点，用最大残留限量（MRL）值来评价残留物水平是一种超（严）估计。消费者所食用的食品不可能都受到所有化学物质的污染，而且消费者在一生中也不可能永远只食用受到同种污染的同种食品。因此，需要用一种数学模型来模拟食品安全的相对近似真实的状态。食品安全指数（IFS）主要考虑危害物实际摄入量与其安全摄入量的比较，从理论上分析，食品安全指数可以指出食品中的某种污染物对消费者健康是否存在危害以及危害的程度。其计算公式如下：

$$IFS_C = \frac{EDI_C \times f}{SI_C \times b_w} \qquad \overline{IFS_C} = \frac{\sum_{i=1}^{n} IFSc_i}{n}$$

式中，C 表示某种农药；EDI_C 为农药 C 的实际摄入量估算值，$EDI_C = \sum (R_i \cdot F_i \cdot E_i \cdot P_i)$ 式中 R_i 为蔬菜 i 中农药 C 的残留水平，取平均值；F_i 为蔬菜 i 的估计摄入量；E_i 为蔬菜 i 的可食用部分因子；P_i 为蔬菜 i 的加工处理因子；SI_C 为安全摄入量，可采用可接受日摄入量（ADI）；b_w 为人体平均质量；f 为安全摄入量的校正因子；IFS_C 可以指出食品中的化学污染物 C 对消费者健康是否存在危害以及危害的程度；$\overline{IFS_C}$ 表示蔬菜中危害物对消费者健康是否存在危害及危害的程度（整体评估）。本试验设 $Fi = 380$ 克/（人·天）；$Ei = 1$；$Pi = 1$；$bw = 60$ 千克；$f = 1$；SI_C 采用 ADI 值，各种农药残留的具体 ADI 值参照 GB 2763—2014《食品安全国家标准　食品中农药最大残留限量》。

计算的结果若 $\overline{IFS_C}$ 或 $IFS_C \ll 1$，表明整体状态安全或农药残留污染物 C 对蔬菜安全没有影响；若 $\overline{IFS_C}$ 或 $IFS_C \leqslant 1$，表明整体状况可接受或农药残留污染物 C 对蔬菜安全的风险可接受；$\overline{IFS_C}$ 或 $IFS_C > 1$，表明整体状况不可接受或农药残留污染物 C 对蔬菜安全影响的风险超过了可接受的限度，应该进入风险管理程序。

二、结果与分析

（一）农药残留检测总体情况

2011—2013 年，共开展 12 次抽检，采集 6 大类蔬菜（叶菜类、鳞茎类、茄果类、芸薹属类、豆类、瓜类）共 249 批次，检测 7 719 项次，共有 27 种农药残留检出或超标。

蔬菜中农药残留超标率从高到低排序为：鳞茎类>叶菜类>豆类>茄果类>芸薹属类=瓜类。农药残留检出率从高到低排序为：鳞茎类>叶菜类>茄果类>豆类>瓜类>芸薹属类（表1）。

表1 蔬菜农药残留检出率和超标率

年 份	叶菜类			鳞茎类			茄果类		
	批次	检出率（%）	超标率（%）	批次	检出率（%）	超标率（%）	批次	检出率（%）	超标率（%）
2011	54	48.1	16.7	10	60.0	30.0	9	33.3	11.1
2012	51	43.1	17.7	7	100.0	85.7	4	75.0	0.0
2013	45	55.6	15.6	0	—	—	14	50.0	7.1
合 计	150	48.7	16.7	17	76.5	52.9	27	48.1	7.4

年 份	芸薹属类			豆 类			瓜 类		
	批次	检出率（%）	超标率（%）	批次	检出率（%）	超标率（%）	批次	检出率（%）	超标率（%）
2011	6	0.0	0.0	5	40.0	20.0	5	40.0	0.0
2012	9	11.1	0.0	3	0.0	0.0	6	33.3	0.0
2013	8	37.5	0.0	7	71.4	14.3	6	50.0	0.0
合 计	23	17.4	0.0	15	46.7	13.3	17	41.2	0.0

（二）农药残留风险评估

1. 危害物风险系数法评估

用危害物风险系数法评估，叶菜类蔬菜2011年高度风险的农药残留有7种，R介于$3.0 \sim 6.7$；2012年高度风险的农药残留数量为5种，R介于$3.1 \sim 14.8$；2013年叶菜类高度风险的农药残留为5种，R介于$3.3 \sim 7.8$。鳞茎类蔬菜2011年毒死蜱（$R=31.1$）处于高风险，2012年有6种农药残留处于高风险，R值介于$3.1 \sim 72.5$。毒死蜱在叶菜类和鳞茎类中每年均属于高风险农药品种。豆类和茄果类高风险的农药残留种类较少。整体上，3年中共有16种农药残留指标$R>2.5$，属高度风险，将出现高度风险频次2次以上的农药残留从高到低排序为：毒死蜱>三唑磷>腐霉利>甲胺磷=乙酰甲胺磷。此16种农药残留指标均应作为长期监控指标（图）。

2. 食品安全指数法

用食品安全指数法评估各类蔬菜的食用安全，2011年叶菜类蔬菜$\overline{IFS_c}$，质量安全整体状况不可接受，应进入风险管理程序加以管制，但2012年、2013年$\overline{IFS_c}<1$，风险等级降低。蔬菜在各年度都是$\overline{IFS_c} \leqslant 1$，食

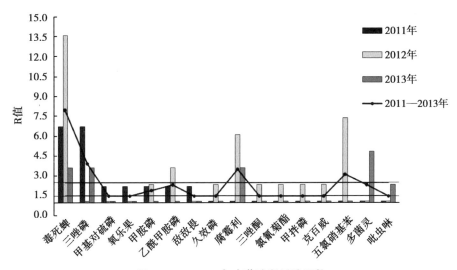

图 2011—2013 年农药残留风险系数

用安全整体状态在可接受以上，其中芸薹属类按评价方法可以得出，在 2011—2013 年其质量安全状况很好。但叶菜类、茄果类出现 $IFS_C > 1$ 的现象，说明存在某几种农药残留危害物在一段时期对蔬菜安全影响的风险超过了可接受的限度。

将出现 $IFSc > 1$ 的农药残留列表得知，3 年中共有 6 种农药残留污染物对蔬菜安全影响的风险超过了可接受的限度，分别为敌敌畏、毒死蜱、三唑磷、久效磷、氯氰菊酯、百菌清，其中尤以三唑磷残留污染威胁到蔬菜种类最多，$IFSc$ 值最大，造成 2011 年叶菜类蔬菜 $\overline{IFS_C} > 1$。农药残留污染物影响风险主要集中在叶菜类和茄果类中，时期以前三季度为主。从年度看，2012 年整体安全状况好转，2013 年各农药残留风险下降到可以接受接近没有影响的等级，散户蔬菜安全状况稳步提升（表2）。

表 2 蔬菜农药残留食品安全指数高风险指标

蔬菜种类	年份	第一季度		第二季度		第三季度		第四季度	
		农药残留	IFSc（max）	农药残留	IFSc（max）	农药残留	IFSc（max）	农药残留	IFSc（max）
叶菜类	2011	—	—	三唑磷	60.42	百菌清	1.01	—	—
		—	—	—	—	敌敌畏	1.46	—	—
	2012	久效磷	1.69	氯氰菊酯	1.01	毒死蜱	6.31	—	—
茄果类	2011	三唑磷	2.09	—	—	—	—	—	—

三、小　结

用食品安全指数法分析得出农药残留对消费者健康的影响，2011—2013年，宁波市农贸市场在售地产散户蔬菜农药残留危害物的不良健康影响逐年减少。说明散户蔬菜质量安全在稳步提升，但仍存在某些农药残留安全风险超过可以接受的限度、不利人体健康的几率。因此，必须开展持续的监管。监管中各类蔬菜都应覆盖，重点是叶菜类，鳞茎类、豆类和茄果类也不容忽视。

用危害物风险系数法分析获得，农户生产用药以杀虫剂和杀菌剂为主，其中敌敌畏、甲胺磷、乙酰甲胺磷、氧化乐果、甲基对硫磷、毒死蜱、三唑磷、腐霉利、氯氰菊酯、五氯硝基苯、久效磷、三唑酮、克百威、甲拌磷、多菌灵、吡虫啉这16种农药的安全风险指数较高，应列为必检项。毒死蜱是宁波菜农在生产过程中广泛使用的一种农药，三唑磷则是易造成食用安全风险的一种农药，从2016年12月31日开始禁止在蔬菜上使用毒死蜱和三唑磷，应加强对菜农的培训，并积极推广安全低毒的替代药物。

检出率和超标率反映出的概况相对较笼统，危害物风险系数法与超标率联系密切，R 与超标率呈正向线性关系。R 与 IFS 值意义有所不同，R 可反映污染物未来短期、中期或长期将出现的趋势和分布，为设计合理的监测方案提供依据；IFS 考虑了食品的消费量和污染物对人体的毒性，主要反映消费者受污染物危害的程度，与消费者关系更为密切。在评价农药残留风险程度时，可综合使用各评价方法。

参考文献

柴勇，杨俊英，李燕，等 .2010. 基于食品安全指数法评估重庆市蔬菜中农药残留的风险 [J]. 西南农业学报，23（1）：98-102.

陈秋玉，孙建成，张磊，等 .2008. 危害物风险系数在猪肉及其制品抽检评价中的应用 [J]. 上海预防医学杂志，320（6）：308-310.

葛可佑，杨晓光，程义勇 .2008. 平衡膳食 合理营养 促进健康——解读《中国居民膳食指南（2007）》[J]. 中国食物与营养（5）：58-61.

郭萍，陈建安，张景平，等 .2011. 食品安全指数评价新罗区大棚蔬菜农药污染水平 [J]. 海峡预防医学杂志，17（6）：52-55.

金征宇，胥传来，斜正军 .2005. 食品安全导论 [M]. 北京：化学工业出版社 .

李聪，黄逸民，田壮 .2004. 进出口食品安全预警方法研究 [J]. 检验检疫科学，14

（2）：51-53.

任大鹏 . 2009. 农产品质量安全法律制度研究 ［M］. 北京：社会科学文献出版社 .

孙建国 . 2007. 进出口食品危害物风险系数在检测频率设定中的运用 ［J］. 中国检验检疫（9）：28-29.

孙林，余向东，蒋文龙，等 . 2014. . 浙江创新农产品质量安全工作纪实 ［N］. 农民日报，2014-11-20（1）.

王冬群，岑伟烈，马金金 . 2012. 基于食品安全指数法评估慈溪市翠冠梨农药残留的风险 ［J］. 浙江农业科学（5）：721-724.

王竹天 . 2004. 食品污染物监测及其健康影响评价的研究简介 ［J］. 中国食品卫生杂志，16（2）：99-103.

中华人民共和国国家卫生和计划生育委员会 中华人民共和国农业部发布 . 2014. GB 2763—2014 食品中农药最大残留限量 ［S］. 北京：中国标准出版社 .

中华人民共和国农业部 . 2004. NY/T 789—2004 农药残留分析样本的采样方法 ［S］. 北京：中国农业出版社 .

中华人民共和国农业部 . 2007. NY/T 1275—2007 蔬菜、水果中吡虫啉残留量的测定 ［S］. 北京：中国农业出版社 .

中华人民共和国农业部 . 2008. NY/T 761—2008，蔬菜和水果中有机磷、有机氯、拟除虫菊酯和氨基甲酸酯类农药多残留的测定 ［S］. 北京：中国农业出版社 .

中华人民共和国农业部 . 2009. NY/T 1680—2009 蔬菜水果中多菌灵等 4 种苯并咪唑类农药残留量的测定 高效液相色谱法 ［S］. 北京：中国农业出版社 .

中华人民共和国商务部 . 2008. GB/T 8855—2008 新鲜水果和蔬菜取样方法 ［S］. 北京：中国标准出版社 .

中华人民共和国质量监督检验检疫总局，中国国家标准化管理委员会 . 2008. GB-T 6682—2008 分析实验室用水规格和试验方法 ［S］. 北京：中国标准出版社 .

周优良，康月琼，黄永川，等 . 2007. 重庆市蔬菜农药残留动态变化及质量安全风险评估 ［J］. 中国蔬菜（6）：9-12.

朱晓禧，肖运来 . 2012. 面向农户的农产品质量安全管理对策研究 ［J］. 农业经济与管理，6：76-82.

绿色食品生产资料发展现状与思考[*]

周 伟 周丽民

一、绿色生产资料的内涵及其发展历程

（一）绿色生产资料内涵

绿色生产资料是指获得国家法定部门许可、登记，符合绿色食品生产要求以及《绿色食品生产资料标志管理办法》规定，经中国绿色食品协会核准，许可使用特定绿色生产资料标志的生产投入品。绿色生产资料标志使用许可范围包括肥料、农药、饲料及饲料添加剂、兽药、食品添加剂及其他与绿色食品生产相关的生产投入品。

（二）绿色生产资料发展历程

1996—2007 年：绿色生产资料工作探索阶段，中国绿色食品发展中心出台《绿色食品生产资料认定推荐管理办法》及肥料、农药、饲料及饲料添加剂、食品添加剂实施细则。

2007—2012 年：中国绿色食品发展中心注册了证明商标，纳入法制化管理。出台并修订《绿色食品生产资料证明商标管理办法》及其实施细则，重点强化了现场检查、产品抽检、企业年检等审核和监管制度。

2012 年至今：绿色生产资料证明商标专用权由中国绿色食品发展中心转让至中国绿色食品协会，并于 2012 年 6 月 13 日获得国家工商行政管理总局批准。至此，中国绿色食品协会已成为绿色生产资料证明商标的注册人。截至 2014 年年底，中国绿色食品协会会员总数达 635 个，其中团体会员 387 个，个

* 本文原载于《安徽农学通报》2015 年第 7 期，114-115 页

人会员 248 个；理事单位（个人）240 个，常务理事单位（个人）136 个。其中企业会员 265 个，占会员总数的 41.7%。

二、发展绿色生产资料的现实意义

绿色生产资料作为经中国绿色食品协会核准并许可使用特定标志的安全、优质、环保的农业生产投入品，是绿色食品产业体系的重要部分，是保障绿色食品事业持续健康发展的重要技术支撑。在 2015 年《中国绿色食品发展中心关于推动绿色食品生产资料加快发展的意见》中，也提出了绿色生产资料开发与应用的重要现实意义。

（一）发展绿色生产资料有助于促进绿色食品标准化生产的落实，是绿色食品安全优质的有效保障

绿色食品生产遵循可持续发展的原则，实行全程标准化生产模式，其投入品的安全优质水平很大程度上决定着绿色食品的安全优质水平。发展绿色生产资料可从源头上优化农业投入品结构，扩大安全优质投入品的市场供给，有利于落实绿色食品生产过程中科学施肥、合理用药、规范使用添加剂等相关制度，是保障绿色食品安全优质的有效途径。

（二）发展绿色生产资料为绿色食品原料标准化生产基地建设提供有力保障

全国绿色食品原料标准化生产基地能够为绿色食品加工企业提供优质可靠的原料，夯实绿色食品产业发展的物质基础，在基地建设中统一推广绿色生产资料，为农户提供安全、优质、有效的投入品，有利于规范投入品的使用行为，减少绿色食品原料质量安全隐患，促进农民增效和农民增收。

（三）发展绿色生产资料是加快转变农业发展方式，建设现代化农业的必然要求

面对"经济新常态"，2015 年中央一号文件明确指出，农业要尽快从主要追求产量和依赖资源消耗的粗放经营转到数量质量效益并重的集约发展上来，走产出高效、产品安全、资源节约、环境友好的现代农业发展道路。发展绿色生产资料正顺应了新要求，大力推广控肥、控药、控添加剂等减量化生产技术，有利于减少农业污染、改善生态环境，推进绿色生产，提升农业

产业素质，从源头上确保农产品质量安全。

三、绿色生产资料发展现状、存在问题及对策

（一）全国绿色生产资料发展现状

经过多年的努力，绿色生产资料标志许可管理工作取得了很好的成效。据统计，2014 年新批绿色生产资料企业 45 家，产品 75 个，截至 2014 年年底，绿色生产资料用标企业总数共有 97 家，产品 243 个。其中肥料 53 家，产品 99 个，农药 7 家，产品 21 个，饲料及饲料添加剂 18 家，产品 92 个，食品添加剂 18 家，产品 30 个，其他类 1 家，产品 1 个。绿色生产资料产品已经涉及全国 26 个省市，除兽药外，绿色生产资料基本涵盖了所有的农业投入品。

（二）发展绿色生产资料存在的问题及对策

绿色生产资料工作经过近 20 年的发展，取得了一些成绩，但由于前期探索阶段时间较长、市场宣传力度不够等诸多因素，使得绿色生产资料的开发和应用较绿色食品明显滞后，存在品牌影响力较小、总量规模小、推广力度不够等突出问题，已成为我国绿色食品产业发展的一个重要制约因素，需要引起高度重视，多措并举推动绿色生产资料加快发展。

1. 加大宣传力度，提升品牌影响力

充分利用广播、电视、报刊网络等媒体全面普及绿色生产资料基本理念、市场前景等相关知识，使公民对绿色生产资料有更深层次的认识；鼓励并帮助符合条件的农业投入品企业开展绿色生产资料申报认证工作；引导绿色生产资料企业积极参与相关专业展览、工作交流等活动，扩大绿色生产资料在农业投入品行业中的品牌影响力。

2. 积极推广，鼓励应用

绿色生产资料的推广应用有利于严格农业投入品管理，推进农业标准化生产，有利于推动绿色食品产业发展，保障农产品质量安全。我们应大力促进绿色食品生产加工企业和原料标准化生产基地建设单位与绿色生产资料企业建立有效对接和长期合作关系，减少非绿色生产资料的市场采购量，积极推进绿色生产资料应用，提高农业投入品企业申报绿色生产资料的积极性。

3. 增强自律意识，推进诚信体系建设

诚实守信是中华民族的传统美德，建立绿色食品诚信体系是实现食品安全的有效保障，也是当前做好农产品质量安全工作应有的科学思维。现在的种种农产品质量安全问题和隐患，都充分体现了一些农业生产经营主体诚信意识淡薄和缺失。我们要从农村实际出发，把法制建设和道德建设紧密结合，把诚信体系建设作为重要抓手，引导企业积极参与各类诚信建设活动，大力宣传绿色生产资料诚信企业，发挥其引领示范作用，增强绿色生产资料企业自我管理、自我约束、自我监督的自律意识，让诚信在全行业成为一种风尚、一种理念、一种文化和一种核心价值观，共同营造推动绿色生产资料发展的良好舆论环境和社会氛围。

参考文献

陈晓华 . 2015. 2014 年我国农产品质量安全监管成效及 2015 年重点任务 ［J］. 农产品质量与安全（1）：3-8.

李志纯 . 2015. 农产品质量安全"产管融合"研究 ［J］. 农产品质量与安全（1）：9-11.

梁志超 . 2010. 加强绿色食品基地建设，夯实绿色食品产业基础 ［J］. 中国食物与营养（2）：31-32.

刘斌斌，余汉新 . 2012. 绿色食品生产资料的发展现状及对策分析 ［J］. 农产品质量与安全（4）：10-13.

马爱国 . 2015. 新时期我国"三品一标"的发展形势和任务 ［J］. 农产品质量与安全（2）：3-5.

王运浩 . 2015. 推进我国绿色食品和有机食品品牌发展的思路与对策 ［J］. 农产品质量与安全（2）：10-13.

修文彦，杜海洋，田岩，等 . 2014. 绿色食品诚信体系建设探讨 ［J］. 农产品质量与安全（1）：24-27.

张志华，唐伟，陈倩 . 2015. 绿色食品原料标准化生产基地发展现状与对策研究 ［J］. 农产品质量与安全（2）：21-24.

"农超对接"对农产品质量安全的影响分析[*]

徐明磊

(河南质量工程职业学院食品与化工系)

我国农产品传统流通程序是农民—批发商—供应商—超市—消费者，通常经过4个以上的环节。随着流通环节的增多，不但成本上升了40%以上，更严重的是农产品的安全问题难以保证。对此农业部联合下发了《关于开展农超对接试点工作的通知》，极力推动我国农超对接工作的开展。

农超对接是指农产品种植组织和商家签订意向性协议书，由种植组织向超市、菜市场或便民店直供农产品的新型流通方式。既可避免生产的盲目性，稳定农产品销售渠道和价格，同时还可减少流通环节，降低流通成本，实现商家、农民、消费者共赢。也为农产品质量安全状况的改善提供了一个契机。本文阐述农超对接的实施对改善农产品质量安全的影响，以及种植组织、超市和政府三方的职责和义务。

一、传统农产品流通方式中存在的弊端

(一) 流通环节过多

我国传统的农产品流通方式通常需要经过四五个环节，诸多的环节不但使成本增加40%以上，也使农产品的流通效率大大降低，停留在流通途中的时间过长，品质也必会受到很大的影响。

---

* 本研究为河南省重大科技攻关计划项目——茄果类蔬菜新品种选育和开发（0522010410）的组成部分

（二）质量安全不易监管

以批发市场模式的农产品流通方式，质量安全监管分别归属于农业、交通、卫生、质检、工商等13个部门，各负其责，各行其是。不仅管理效率很低，而且有些环节仍处于监管的模糊地带，容易被遗漏。

（三）难以追责，易造成社会性恐慌

目前，我国多数地方农业生产的组织化程度低，很多仍是"一家一户"的分散生产。农产品一出现安全问题，不但难以追查相关的生产者、销售者等责任人，也难以获得该农产品的具体产地、生产批次等信息，后果是责任人逍遥法外，而消费者会对该产地的全部农产品、甚至全部该种类的农产品产生全社会的恐慌。使许多无辜的种植户和商户蒙受不白损失。

二、"农超对接"的特点和优势

而在国外普遍采用的农产品流通模式——农超对接，是种植组织和超市直接对接的流通方式，大大减少了流通环节和降低成本，有利于稳定市场价格和保障供应。诸多中间环节减少的同时，也加快了农产品的流通速度，降低了农产品在流通过程中的滞留时间，最大限度地保持了产品的新鲜度和品质。同时，也有利于对农产品质量安全的监管和追溯的执行。

三、农超对接中应加强和注意的问题

农超对接相对于传统的农产品流通方式来说，是一种较为先进的农产品流通方式。随着新的流通方式的应用和推广，对种植户、超市和政府三方的职责和工作也提出了新的要求和标准。

（一）种植者组织

1. 加强农业生产的组织化程度

超市本身的特点对农产品提出了种类多样、数量充足、安全优质的要求。与超市直接对接的流通方式首先要求种植户具有高度的组织化。一方面，生产组织具备一定的规模。包括人力、土地和物力等方面的规模，只有满足了这些方面规模的要求，才能够满足超市的多种类、连续性、跨季节、高品质的要求。另一方面，是生产活动的高度组织化。众多种植户只有形成一个联合组织，才能统一组织、科学规划种植计划，施行科学高效的管理。既能避免一窝蜂种植造成增产不增收的现象，又能从生产上提高对农产品质量和安全的管理控制。

大力发展农业生产专业合作社，是切合种植户的实际情况的组织化形式。甚至合作社联合起来成立联合社，进一步提升其组织化程度和优质、多样、丰富的供应能力，提高其在超市对接中的竞争地位。

2. 加强农业生产的标准化

与国外农产品相比，我国的农产品存在品质低下、有害残留超标等问题，致使国际竞争力不强。主要原因是我国农业生产和管理中随意行太强，缺乏科学性和标准化。农超对接的施行，从采购方直接对生产者提出了农产品品质和安全的要求，间接的要求生产者必须标准化的生产和管理。对于种植者，一方面，根据市场的要求进行科学、标准的生产管理活动，使农产品能够满足超市标准要求。另一方面，对农业生产标准化在生产中存在的问题进行反馈，加快农业生产标准化建设的进程。

3、实行农产品品牌化战略

品牌化是提高农产品知名度及避免社会安全事件殃及的有效途径之一。本质上说，品牌是销售者向购买者长期提供的一组特定的利益和服务。也是产品的身份标识。种植者组织应当注册商标建立农产品品牌化的商品意识，注重通过农产品交易会、广告宣传等形式提高农产品品牌的知名度，增强消费者对农民专业合作社鲜活农产品质量安全信心。

4. 积极推广农产品质量可追溯系统

农产品质量可追溯系统是追查农产品安全事件的有效途径，也是把农产品安全事件具体定位、影响力降低到最低水平、避免合法种植者损失的有效途径。对于种植组织来说，既是追责的有效途径也是免责的有效方式。

种植者组织应基于标准化生产、流通过程，建立健全各种种养殖档案，包括生产（经营）者编号、生产（经营）者名称、种植（养殖）品种、肥料施用、农（兽）药施用、疫苗使用、收获和其他田间作业记录以及产品检测等相关信息，落实质量管理责任制，从源头做到农产品身份可识别、可追溯。

5. 积极采用新技术、新成果

农药、兽药、化肥的错用、滥用行为，不但造成土壤板结，加重土壤传递的疾病，更严重的会造成农产品有害残留超标，也是引发农产品安全问题的重要原因。因而种植者组织在农业生产中有必要推广普及农药、兽药、化肥的科学使用方法和科学的田间管理技术，采用低毒、低残留的农化产品，选择抗病、优质的新品种，积极联系农业科研单位，进行农业新技术、新成果的生产转化，以此促进农产品安全问题的改善。

（二）超市角度

1. 加强安全检测水平，严格执行收购标准化

农产品的质量一出问题，超市往往被认为是第一责任方，因而超市一直就扮演着农产品质量检验中的重要角色。农超对接中，超市在农产品流通中既是检测者，又是监督者。超市应严格进行农产品安全检测，严格按照安全标准进行农产品的采购。给予高质量农产品以价格激励，加大对不合格产品的处罚力度，迫使种植者进一步改善各个环节的管理水平，改善农产品质量安全现状。

2. 参与、指导农产品生产管理活动

在农产品流通系统中，超市是与消费者、社会直接对接的，在信息资源上有很大优势。从源头上知道消费者需要什么样的农产品，对农产品有什么要求，以及什么样的农产品能够获得更大的经济价值。因而，超市有必要参与到农产品的生产管理中，如提供安全优质的农业资料，提供科学的生产管理技术，从源头上保证农产品的优质和安全，也保证了超市的货源供应和经济利益。

3. 建设现代化的农产品物流系统

农产品的物流与其他商品有很大不同，要求有一定的时效性，对贮运的环境也有温度、湿度等要求，稍有不慎，轻则造成变质、品质下降，重则不能使用或出现安全性问题。因而需要连锁超市建立现代化的农产品物流系统，包括全程冷链运输系统和鲜活农产品加工配送能力。当前重点是加强鲜活农产品冷链流通，降低鲜活农产品损耗，保障鲜活农产品质量。

（三）政府主导部门的职责

1. 牵线搭桥，为农超对接做好服务

政府部门要积极出台相关政策和措施为农超对接创造良好的环境，做好服务工作。一是积极搭建对接平台，畅通农超对接渠道。通过组织开展农超

对接推广活动，如洽谈会、展销会等形式，创造供需双方见面和沟通的机会。二是培育对接主体，提升农超对接水平。

2. 公正仲裁，依法追责，提高相关部门执法水平

每当出现农产品安全问题，第一板子打在超市等销售商身上，第二板子打在某地产出的农产品或同类的全部农产品身上，致使无辜种植者和商户遭受不白之冤，而不法者逍遥法外。随着农超对接的推广、农产品安全质量追溯系统的建立，将使问题农产品的追查更加快速、准确。在问题农产品的追责中，要求政府相关部门公正仲裁，依法追责。

3. 提升科技对农业的推动力度

推进科技创新、农业科技成果转化是解决目前农业问题和提高农产品质量的关键：一是加强与高校、科研院所的合作，引进实用性强的农业技术成果；二是建立精干的农业科技人才队伍和培育新型农民，提高农民素质；三是加大农业科技的资金投入力度。

4. 积极抽检，研发先进实用检测技术

在农超对接中，种植者和超市是交易的两方，为了使安全检测结果更有说服力，应在双方原有检测的基础上引入第三方的安全检测，通过政府主管的检测机构对其仲裁、监督来保证"农超对接"的公平、公正，让"农超对接"具有持续的生命力。另外，某些农产品检测难度大，需时过长。如蔬菜农药残留，从选样到检验出结果，至少需要 3 天时间，而这些蔬菜的品质已下降，经济价值也大打折扣。因而，政府应组织相关科研部门进行高效、快捷检测技术的攻关。

四、讨　论

农产品质量安全是当今社会一个重要的问题，也是一个必须要面对的问题，它关系到社会的稳定和民众的健康。农超对接流通方式的推广是提升农产品质量安全水平一个契机，我们应该借此机会建立一套安全有效的农产品生产、流通和监管体系，提升我国农产品质量和安全的水平。农超对接在我国起步不久，还局限在与超市的对接上，随着体系的成熟和制度的完善，应该扩展至食品加工企业、学校、酒店等范围的对接，从更大范围、更深层次对农民增收、食品安全、变革农村生产活动产生影响。

参考文献

龚一帆，常冬梅 . 2011. 解码"农超对接"［J］. 中国蔬菜，11：1-3.

李莹，杨伟民，张侃 . 2011. 农民专业合作社参与农超对接的影响因素分析［J］. 农业技术经济，5：65-71.

马晨清 . 2011. 略论农产品可追溯制度的构建［J］. 商业时代，5：104-105.

杨谨，杨娜 . 2007. 标准化在实现农业产业化中的重要作用［J］. 现代农业科技，16：211-212.

张爽，徐正 . 2010. 基于农超对接模式的新型农产品流通体制探讨［J］. 安徽农业科学，22：12-14.

张怡 . 2011. 我国"农超对接"模式研究［J］. 时代金融，442（4）：76-81.

湖北省宜昌市农产品质量安全监管现状及对策建议*

谭梅艳¹ 张 滢² 余丹丹²

（1. 宜昌市绿色食品管理办公室；2. 宜昌市农产品质量安全检测站）

随着我国农业发展进入新阶段，农产品质量安全问题受到各级政府的高度重视，并日益引起社会各界的普遍关注。在宜昌市建设"既大又强、特优特美"的现代化特大城市的进程中，宜昌市委市政府更是提出了创建全国最佳食品安全放心城市的目标。因此，提高农产品质量安全水平，对促进农业结构调整、增加农民收入和农业可持续发展具有十分重要的意义。

一、宜昌市农产品质量安全现状

近年来，宜昌市紧紧围绕"千方百计确保不发生重大农产品质量安全事件，千方百计确保农产品放心消费"的目标，在抓好农业生产、确保主要农产品有效供给的同时，深入推进农业标准化生产、农产品产地准出、市场准入和质量安全专项整治等工作，农产品质量安全监管工作取得明显成效。宜昌市多年来没有发生重大农产品质量安全事件，农产品质量安全监管工作从2010年到2012年连续3年在湖北省政府组织的对17个市州考核中排名第一，合格率稳定控制在98%以上。

（一）实施农产品品牌战略，稳步提高质量安全水平

随着农产品质量安全引起全社会的广泛关注，"三品一标"（无公害农产品、绿色食品、有机产品与农产品地理标志）开发引起了宜昌市各级党委、政府的高度重视，出台了相关的奖励政策，加大了绿色农业的开发力

---

* 本文将于2017年10月在《湖北农业科学》刊载

度，使宜昌市"三品一标"开发进入了历史的快速发展期。截至 2014 年 12 月，全市有效使用"三品一标"企业 207 家、品牌总数 689 个，生产规模达到 304.16 万亩、100 万架、22.1 万头、40 万羽，产量达到 240.18 万吨。全市农业"三品"种植面积达到 197.02 万亩，占到全市食用农产品种植面积的 58%，已形成"三品一标"协调发展的格局，总量规模稳居全省前列，农产品质量得到稳步提高。

（二）推进农业标准化生产，加强追溯体系建设

全市不仅创建了秭归县全国绿色食品原料（柑橘）标准化生产示范基地、宜昌市夷陵区全国绿色食品原料（柑橘）标准化生产示范基地和枝江市全国绿色食品原料（油菜）标准化生产示范基地 3 个国家级标准化示范基地，还创建了 3 个省级绿色食品原料标准化示范基地、1 个市和 5 个县级（区）标准化示范区。基地总面积达到 41.3 万亩，原料产量达到 41.72 万吨，带动农户增收 978 万元。

2014 年，宜昌市成功创建为"省级农产品品牌建设示范基地"。在推进大基地建设的同时，市政府每年坚持拿 210 万元，以质量安全为核心、以产品质量安全可追溯为标志、以"三品一标"准入为前置条件，在全市创新开展 42 个农产品标准化示范基地建设。该项目在 2012—2016 年连续实施 5 年，总共建设 210 个基地，每个基地可获政府支持 5 万元，稳步推进的标准化生产基地建设让宜昌市的农业标准化生产逐步迈上新台阶，初步实现了"从田头到餐桌"的全过程质量监管。

（三）突出基地检验检测，严格农产品产地准出

近年来，宜昌市蔬菜、水果、食用菌和茶叶的检测稳步上升，总体合格率从 2004 年的 78.76% 提高到 2012 年的 99.67%，特别是近 3 年，总体合格率一直稳定在 98% 以上。2011—2014 年，宜昌市农业局共对全市 13 个县市区进行例行监测，每年抽取样本分别为 2 797 份、5 740 份、7 696 份、2 057 份，总体合格率分别为 99.02%、99.67%、98.78%、98.85%。

宜昌市通过实行监督抽检、每周例检和自检相结合的方式，加强检验检测。一是在关键农时季节，组织检测技术人员深入到乡镇、企业、生产基地，进驻重点企业，开展检测、培训、宣传三位一体的服务活动。二是实行基地每周例检。对检测不符合农产品质量安全要求的品种一律退市或做无害化处理。三是强化企业质量安全意识，强力推行企业自检。督促重点农产品

生产企业、农产品基地建成自检体系，做到"六有"：有检测场地、有检测人员、有检测仪器、有检测公示栏、有检测制度、有检测台账。企业建立自检室，配备速测仪，对产品产前、产中、产后的质量安全实施全程检测。四是督促企业、市场建立 4 本记录：即生产记录、检测检验记录、加工记录、销售记录。实现"生产有记录、流向可追踪、质量可追溯"，收购实行"逢进必检"，杜绝不合格农产品入库加工。五是农产品生产基地（合作社、农产品生产企业）按照产地准出"六有"要求，规范生产行为，对每批次的农产品从基地、入库、出库分别进行自检（或委托有资质的检测机构检测），自检（或委托检测）合格的按规定出具《产地准出证明》，标明农产品品名、产地、生产者、采收日期以及质量安全状况等信息，不合格产品一律不得进入流通渠道。

（四）深入开展专项整治，不断强化监督管理

近几年来，宜昌市每年都要在全市范围内开展农产品质量安全专项整治活动。2014 年全市共出动农业执法人员 3 140 人次，检查各类农业生产资料企业和门店 4 853 户次，整顿市场 239 个次，共计抽样 67 个农资产品，查处违规农业生产资料 13.7 万千克，货值 147 万元，为农民挽回经济损失 356.6 万元。查处各类案件共 119 起，涉案金额 147 万元，有力地震慑了违法犯罪行为。2014 年在全面开展无公害农产品复查换证、绿色食品续展和年检的基础上，还重点对茶叶、蔬菜、柑橘、食用菌等产品开展了 520 批次的例行监测，在茶叶、柑橘的集中上市期分别开展了为期 3 个月的专项监测。监管力度逐步加大，农产品质量安全得到有效保障。

二、宜昌市农产品质量安全监管工作存在的问题

（一）生产经营者安全生产意识淡薄

随着社会的发展和城乡居民安全消费意识的提高，人们对农产品的需求已由"吃得饱"向"吃得好、吃得安全"转变，消费者更多考虑的是安全、营养和健康，农产品质量安全已成为人们最关心的问题。但与消费者越来越高的要求相比，有的农民已习惯利用化肥、农药来增产增收，少数生产经营者注重追求产量、片面追求质量，不愿意花精力、花成本落实比较烦琐的质量安全控制措施，不按生产标准和技术规范来操作、生产农产品，给农产品

质量安全带来了风险和隐患。一是农户过量使用限用农药，导致限用农药超标。如 2011 年 7 月，农业部食品质量监督检验测试中心在宜昌市抽检的空心菜、黄瓜、四季豆样品中存在限用农药氧化乐果超标的事实。二是不详细了解农药的性能和使用的农作物范围，随意用药。2014 年宜昌市农业局在茶叶监督抽检中，相继发现不合格样品中有不能在茶树上使用的禁用农药。同样适用《两高司法解释》第九条的处罚规定。三是不严格执行安全间隔期。有的农户用药安全间隔期未满就提前收获上市，造成农药残留超标。

（二）监管能力建设有待进一步加强

一是缺人员。各级农业部门的监管、执法、检测人员非常匮乏。如宜昌市农业局现有专职农产品质量安全工作人员不到 20 名，要监管全市数以千计的农产品生产基地、合作社和生产企业，数量明显不足。县级农产品质量安全监管、检测人员大多是兼职，乡镇农产品质量安全监管站目前只在乡镇农技推广中心加挂牌名，人员有待落实，最基层的农产品质量安全监管关口无人把守。二是缺经费。农产品质量安全监管工作经费跟质监、工商、食药局等部门相比，显得非常欠缺，无法满足工作之需。三是缺设备。各级农产品质量安全检测机构的检测设备落后，存在检不了、检不准、检得慢、检得少等问题，使得农产品质量安全执法工作时常陷入尴尬境地。如宜昌市农产品质量安全监督检测站核心检测设备需提档升级，满足不了当前农产品数量大、品种多、流通快的特点，导致农产品质量安全存在一定的风险和隐患；宜昌市水产品质量安全检验检测中心不具备双认证条件，检测结果没有法律效力；各县市区农产品质量安全检验检测中心项目建设进展缓慢等。

（三）农产品产地准出、市场准入制度落实不够

农产品产地准出尚处于起步阶段，多数农产品生产企业、农民专业合作社和种养殖大户的生产记录不够规范、还没有配备自检设备，大多上市销售的农产品无包装和标识，导致农产品质量安全追溯管理难度加大。市场准入有待进一步完善规范，部分农产品经营者的进货检查验收制度不健全，自检制度执行不严，未建立规范的购销台账。

（四）农业标准化生产程度不高

中国是一个以农耕文化为背景，农业连续发展有上万年历史的国家，农业结构迄今为止仍以小农经营为主，形式和格局上不具备大规模、统一化的

结构性农业标准化生产。大多数农民都是以一种小农经济和"自给自足"的经营方式进行生产。种什么，怎样种，施什么肥，用什么药，一概由生产者自行决定。因此，虽然大力推广农业标准化生产，但部分地区仍以农户分散经营为主，处于监管的盲区，小、散、乱的农业生产特点依然存在。

三、对策及建议

（一）强化培训和宣传

一是要利用电视、广播、报刊和网站等媒体，大力宣传《中华人民共和国农产品质量安全法》、农产品质量安全知识和提高农产品质量安全水平的重要性和必要性。引导消费者选购有检验合格证的，或是有"三品一标"产品标识的农产品。购买时主动索取票据，一旦发现问题，有据可查，形成良好的社会共同监督氛围。二是农业部门要利用送科技下乡等系列服务活动，大力开展技术培训，把技术送到田间地头和千家万户。三是在交通要道处设置大型宣传标语，同时安排宣传车走村串户进行宣传，使农产品质量安全意识深入人心。四是加强对"三品一标"生产企业及超市管理人员的培训，引导广大消费者和市场管理人员正确识别和选购"三品一标"产品，切实保障生产经营者和消费者的合法权益。

（二）推进农业标准化生产

标准化生产技术的广泛应用是提高农产品质量安全水平的重要手段。要实现农业标准化，对农民的教育和提高他们的综合水平以及科学操作技能是问题的关键。这就要求农民要改变传统的生产方式，按照统一的标准，执行统一的操作规程进行标准化生产。农技人员要深入基层开展农业标准化生产技术辅导，向种植、养殖户宣传农业标准化的技术规范和实施要点，指导农户掌握实实在在的农业标准化技能。同时，还要加强对农业产业化龙头企业、农民合作社、家庭农场等规模化生产经营主体的技术指导和服务，充分发挥其开展标准化生产的示范带动作用。

（三）加大生产基地农产品质量风险监测力度

产地环境的好坏是生产高质量农产品的基础，土、肥、水、空气的质量好坏有很多都是在生产过程中不注意而造成的。因此，我们一是要禁止使用对环境有严重影响的除草剂等化学制剂；二是要制定基地病虫害防治措施，合理安排茬口和轮作，科学施肥，节水灌溉，及时回收田间的废弃杂物等，防止在生产过程中对环境造成破坏；三是要有计划地实行天敌保护措施，在基地周围设置绿化带，营造天敌诱集环境，增加天敌种群和数量；四是要大力推广杀虫灯、黄板纸等防治技术，积极配合上级有关部门对农业生态环境进行检测。在重点时段、重点区域对重点品种增加抽检频次和抽检数量，定期和不定期对县市区农产品生产基地开展例行检测和监督抽查。

（四）加强"三品一标"建设

"三品一标"开发以保护生态环境，促进可持续发展为原则，有严格的质量安全认证和管理方式，有从"土地到餐桌"的全程质量控制体系。"三品一标"农产品具有带标上市、过程可控、质量可溯的功能，是实现农产品质量安全的重要抓手。因此，要严格"三品一标"认证标准，提高准入门槛，规范审查评审。同时还要强化对认证管理和生产环节的监管，引导和指导"三品一标"企业严格按照标准化技术规程生产操作，严把投入品、原料来源质量关，做好生产记录，建立起从田间到餐桌的全过程追溯体系，确保"三品一标"产品的质量安全有据可查。要充分发挥"三品一标"在产地管理、过程管控等方面的示范带动作用，用品牌引领农产品消费，切实维护好品牌的公信力，增强公众的消费信心。

（五）加快农产品质量安全追溯体系建设

进一步修改完善现有的蔬菜、畜禽、水产产业农产品标准化示范基地的质量安全追溯管理系统，搭建涵盖市、县、企业三级的农产品质量安全监管追溯信息平台，对农产品生产过程如农业投入品的采购分发、生产过程（如播种、施肥、施药、采收、检测、编码、包装标识上市等过程）实行电子化记录管理，从而实现农产品身份识别管理，建立全国最先进的农产品身份识别系统。在此基础上，开展柑橘、茶叶、高山蔬菜质量安全追溯体系建设，实现生产信息可查询、产品流向追踪、质量安全可追溯、主体责任可追究。

（六）建立健全农产品质量安全监管队伍

建立健全市、县（市区）、乡（镇）三级农产品质量安全行政管理、行政执法、检验检测、技术服务队伍，加强对农产品质量安全监管、检测、执法人员的管理、培训工作，提高监管人员的业务水平和综合素质，实现监管重心和责任下移。力争在近3年内市、县两级农产品质量安全监管、检测、执法机构全部配齐配强工作人员，落实充足的经费扎实开展农产品质量安全监管、检测和执法工作。宜昌市所有乡镇（街办）农产品质量安全监督管理站配备2~3名专职农产品质量安全工作人员，负责指导和监管生产者严格执行农产品质量安全标准、科学使用农业投入品、规范建立农产品生产档案，开展农产品准出检测。在蔬菜、水果、茶叶、畜牧、水产重点生产村全部设有农产品质量安全监管员（协管员、信息员），农产品生产经营单位有明确的责任人。

（七）积极探索新的农产品质量安全监管方式和途径

一是加强城郊自产自销农产品质量安全监管。按照"先行试点、稳步推进"的原则，将监管范围覆盖到自产自销的单个农民，探索实行自产自销农产品承诺制度、联保协议制度和责任制度。重点加强农业投入品监管，确保农产品质量安全全程可追溯，逐步实现自产自销农产品上市有"身份证"的目标。二是探索实行农产品运输车辆备案登记制度。坚持"政府引导、企业（合作社）主体"的原则，在农产品批发物流集散地（如三峡物流园）探索产地准出和市场准入的无缝对接，实行有证抽检、无证必检的制度，对农产品运输车辆进行备案登记管理，推动落实农产品从生产到进入市场和加工企业前的贮运环节监管，逐步建立严格的覆盖全过程的农产品质量安全监管体系。三是强化畜禽屠宰定点管理，督促落实进场检查登记、肉品检验、"瘦肉精"自检等制度。严格巡查抽检和检疫监管，严厉打击私屠滥宰、屠宰病死动物、注水及非法添加有毒有害物质等违法违规行为。四是加大生产基地农产品质量风险监测力度。在重点时段、重点区域对重点品种增加抽检频次和抽检数量，定期和不定期对县市区农产品生产基地开展例行检测和监督抽查。五是强化农产品质量安全监督执法。农产品质量安全监管覆盖率力争达到100%，生产经营不合格农产品行为、非法添加禁用物质行为和假冒"三品一标"产品行为的查处率力争达到100%，涉嫌犯罪案件及时移送司法机关，案件移送率力争达到100%，农产品举报投诉调查处理率力争达到100%，农产品质量安全群众满意率力争达到90%以上。

蒲江县绿色食品质量安全监管创新与实践

唐翠芳[1]　　王　伟[2]

（1. 四川省蒲江县农业和林业局；2. 中共蒲江县委办公室）

蒲江县是成都市的西南门户，县城距成都市中心约 60 千米，全县辖区面积 583 平方千米，辖 12 个镇乡（街道），总人口 28 万人，是四川进藏入滇的咽喉要道，境内气候温和、降水充沛，森林覆盖率 51.3%，享有"绿色蒲江·生态新城"之美誉。蒲江县拥有品种优良、种植标准的猕猴桃基地 10 万亩、茶叶基地 20 万亩、柑橘基地 20 万亩，其中无公害农产品、绿色食品、有机产品和 GAP（良好农业规范）认证面积达 14 万亩。先后荣获"全国休闲农业和乡村旅游示范县""国家级茶叶、猕猴桃标准化示范区""国家地理标志保护产品示范区""国家有机产品认证示范创建县"等荣誉。2015 年以来，先后有赵乐际同志莅临蒲江县视察、全国加快转变农业发展方式现场会在蒲江县设置考察点位等重要事件。

一、主要做法

（一）部门联动，构建"四位一体"质量安全监管体

基于解决农产品全产业链行政监管缺位和投入品市场混乱无序两大关键问题，从 2014 年开始，蒲江县整合行政管理资源，率先在猕猴桃产业上建立集质量标准、质量管理、综合服务、执法查处"四位一体"的农产品质量安全监管体系。以土壤改良为基础，投入品监管和标准化生产为关键，全程质量可追溯管理为方向，防控输入性、系统性风险为重点，构建严密的监管与服务体系。

1. 农业标准体系

将构建绿色猕猴桃质量标准体系作为保障产品质量、引导产业发展的先导，组建质量标准工作推进组，组织有关专家修订完善覆盖种植加工、贮藏、包装、运输、销售全产业链的标准体系；成立蒲江水果冷链商会，提升和规范冷链仓储设施水平，调节鲜果市场供应和价格，最大限度地保障果农收益。

2. 质量管理体系

依托完备的质量标准体系，着力强化猕猴桃产前、产中、产后3个环节的质量管理。"产前"环节，着力强化投入品监管，建立健全投入品企业准入、农业生产资料进销货台账和索证索票等制度。"产中"环节，着力强化标准化生产管理，并通过技术培训、科技下乡、技术服务等多种方式，标准化技术入户率、到田率、应用率达100%。"产后"环节，着力强化产地准出、市场准入，规定县域猕猴桃种植企业、家庭农场和种植户，必须将产品送县农产品质检中心、乡镇猕猴桃综合服务站、村（社区）猕猴桃综合服务室进行糖分、农药残留等指标检测，合格后出具《产地准出证明》，才能入市销售。

3. 综合服务体系

坚持充分发挥政府和市场"两只手"的作用，着力建立并完善以发挥政府作用为主的"三级"服务体系和以发挥市场作用为主的"六个统一"连锁种植模式、"8S"植保体系，基本形成了主体多元、形式多样的社会化服务体系。"三级"服务体系，即县—乡镇—村"一中心一站两室"三级服务体系，县级层面成立综合服务中心，乡镇层面在7个主产区乡镇全部建立综合服务站，村（社区）层面在44个主产村（社区）全部建立综合服务室和技物服务室，及时为种植户提供土壤改良、农业生产资料配送、病虫害统防统治、技术咨询、检验检测等综合服务。

4. 执法查处体系

蒲江县建立了基层巡查机制和联合执法机制，实现了监管工作由被动应付向常态管理、执法工作由形式主义向严厉打击转变。基层巡查机制，即制定《猕猴桃采摘至销售环节巡查执法方案》，按3人/主产乡镇、2人/主产村、1人/主产社开展日常巡查，鼓励和发动群众检举揭发违法违规行为。联合执法机制，即组建县综合巡查执法队，狠抓投入品市场、标准化生产、流通消费执法监管，并通过建立违法违规"黑名单"制度和违法案件移送机制，实现了"查处一案、震慑一方、教育一片"的效果。

2015 年，"四位一体"质量安全监管体系正在柑橘和茶叶产业上全面推广。

（二）龙头带动，提升农业产业化和标准化水平

一是成功引进联想佳沃集团、云南传承果业、本来生活网等知名企业，培育嘉竹茶业、绿昌茗茶业等一批龙头企业参与绿色食品原料基地建设，大力发展农产品加工、储运和出口业务。二是鼓励、支持新型经营主体以技术托管、授权种植、土地股份合作社等多种形式，适度规模经营，形成利益联结"链条"。三是推广和深化联想佳沃集团在猕猴桃产业上推行的"6 个统一"（即依托联想佳沃公司的全球化布局优势，统一品牌授权、统一农事标准、统一农资供应、统一全程品控、统一包销、统一协助融资）种植连锁模式。四川嘉竹茶业在茶产业上推行的"三优两免一补一返"（优惠提供农资，零利润配送生产投入品；优先收购；优价收购，按市场价上浮 5% ～ 15%收购订单茶园鲜叶。免费提供技术指导；免费为基地茶园施药。对按公司要求管理的茶园，每亩每年给予补助 20 元。按照鲜叶交售数量，年底对茶农每千克返利 0.1 元）茶园托管经营统防统治模式，提升绿色食品原料基地产业化、规模化、标准化程度。

（三）创新投入品配送模式，8S 管理体系保障绿色食品原料质量安全

通过蒲江县猕猴桃协会公开遴选出北京嘉博文生物科技和成都新朝阳作物科学两家企业，以村为单位建立绿色、有机猕猴桃技物服务室，覆盖全县猕猴桃主产区，贴近农户实施农产品从标准化种植到农产品品牌销售的 8S 全产业链服务，有效规范和减少了投入品使用。

（1）土壤健康全程管理系统（Soil Security And Management）：对全县主导产业主产区土壤和农灌用水指标进行抽样检测分析，以作物差异化生长条件、养分需求进行针对性的土壤营养补充和综合改良及修复。

（2）作物营养全程管理系统（System Nutrition Management）：通过对作物生长全过程全营养分析检测，精确补充基本营养元素，通过营养免疫技术，减少病害发生、减少农药使用，保障农产品品质。

（3）作物病、虫、草害全程管理系统（Strategy On Pest/disease/ Weeds Management）：遵循"预防—预防性治疗—治疗"的绿色防控理念，坚持植

物源、生物源农药与物理防控相结合，提高防效，提高防效，保障产品质量安全的同时维护生态平衡。

（4）作物产量提升全程管理系统（Status Improvement On Productivity Management）：采用园艺、营养、生物技术相结合，量身定制有机、绿色增产套餐，保障作物品质的同时确保产量。

（5）园艺管理与技物服务系统（Service Standard Management）：建立三级技术团队（全国、县级、村级），依托"社区信息化综合服务站"，以村为单位覆盖全县猕猴桃主产区，每个技物服务室配备专业技物服务人员1~2人，实现对种植户的贴身服务，解决技术服务和投入品配送最后一千米问题。

（6）质量、安全追溯与农业信息化物联网服务系统（Safety And Quality Management）：建立ERP管理系统、物联网可视化系统，对种植户档案、用肥、用药全程记录，建立溯源管理；对其过程及结果进行农药残留、可溶性固形物等检测，确保上市产品质量达标。

（7）绿色鲜储服务系统（Shelf-life Extension And Freshness Management）：建立分选、仓储标准，避免仓储环节农药残留或污染问题；形成高标准气调库服务联盟，满足猕猴桃鲜储、分拣、包装等服务；研发保鲜新技术，开发生鲜直供物流专用鲜贮箱，无须冷链物流，实现果蔬产品保鲜10天左右。

（8）农产品品牌销售服务系统（Sales And Brand Management）：建立大型、专业、消费型农产品直销B2C电商平台，帮助农户打造自己的品牌和直销渠道。

（四）绿色发展，以生态县、有机县创建促进产业转型升级

一是科学规划，编制了《蒲江县有机事业发展规划（2013—2022）》，以国家有机产品认证示范创建县为抓手，拟用10年时间整县推进绿色农业发展；二是深入推进生态文明试点县建设，狠抓治土治水治气工程和生态保护工程，大力推广畜禽粪便和秸秆生物腐殖酸快速发酵技术等生物、物理综合措施防治病虫草害技术，构建可持续农业生态环境；三是制定绿色、有机农业发展补助政策，对绿色、有机基地基础设施建设、认证、产品营销等重点环节给予补助奖励，增加认证主体违法违规成本，促进认证产品按标生产。

（五）坚持"走出去、请进来"，多种模式提升农产品市场占有率

以中国（成都）有机农业论坛暨中国成都国际猕猴桃节、中国采茶节等节庆活动，提升"蒲江雀舌""蒲江猕猴桃""蒲江杂柑"三大区域品牌价值和知名度，带动企业品牌创建，拓展蒲江优质农产品销路。创新品牌营销模式，支持和鼓励有实力的企业采取农超对接、专卖店、直销电子商务、参展参会等多种模式开拓绿色、有机产品国内、国际市场，提升品牌溢价。积极开展对外市场经贸活动，把蒲江农产品资源优势转化为外贸优势，保障和扩大农产品出口，增加外贸收入，维护农民利益。

二、取得的成效

通过多年发展，蒲江县绿色产业发展带动效应已从种植向仓储、加工、贸易环节延伸，第一产业向第二、第三产业延伸，促进了蒲江特色产业资源优势向经济优势转化，现代农业与社会主义新农村深度融合。

（一）实现规范管理，保障质量安全效益明显

通过"四位一体"质量安全监管体系和健康植保 8S 管理体系的建立和应用，使蒲江有机、绿色食品认证茶叶、猕猴桃质量安全得到有效控制，规范农业投入品使用效果显著。连续几年来，农业部、省、市对蒲江县茶叶、猕猴桃产品抽检合格率为 98% 以上。2014 年蒲江县被评为省级农产品质量安全监管示范县、国家级农产品质量安全示范创建县。

（二）实现以质取胜，服务市场经济效益明显

"蒲江雀舌""蒲江猕猴桃"知名度和竞争力大幅提升，品牌价值分别从 2012 年 10.52 亿元、8.85 亿元上升到 2014 年 14.23 亿元、10.69 亿元。蒲江农产品备受国内外消费者喜爱，猕猴桃出口新西兰、印度尼西亚、欧美等国家和地区，进入北京、上海、深圳等一线城市大型超市，"蒲江丑柑"荣获 2014 年度"十大魅力农产品"称号，猕猴桃、杂柑鲜果供不应求。2014 年，农民人均纯收入 12 839 元，高于全国、全省平均水平，城乡居民收入比仅为 1.8∶1，猕猴桃、茶叶、柑橘种植户人均年收入分别约为 1.8万元、1.36 万元、2 万元，全县农民家庭年收入 10 万元、20 万元的比比皆是。

（三）实现多产互动，助推科学发展效益明显

依托良好的生态环境和坚实的产业基础，成功打造了3月采茶节、5月樱桃节、10月猕猴桃节、11月"橘子红了"农事节庆活动，并在成佳镇成功打造了以生态茶园观光、茶事活动体验、乡村美食品尝、现代农庄经营、茶文化体验等内容为一体的"成佳茶乡"AAA级旅游景区；打造了集观光旅游、休闲度假、农业体验于一体的保利·石象湖国际乡村俱乐部；在复兴乡建成联想佳沃万亩猕猴桃种植公园，打造了集产业聚集、技术研发、精深加工、市场定价和文化旅游于一体的"中国猕猴桃之都"，带动形成了以绿色农业为生态本底、以河流道路为景观走廊、城市绿地与乡村农地渗透融合的优美城乡形态。

（四）实现和谐发展，解决"三农"问题效应明显

绿色产业发展推进了蒲江县农业结构调整，促进了现代农业持续健康发展，带动14万余农民人均增收近4 000元，农户住进了幸福美丽新村，享受城乡一体基本公共服务，蒲江县连续几年获评四川省"三农"工作先进县。

绿色食品与陕西农业发展
——绿色食品模式是陕西省农业可持续发展的主导模式[*]

杨毅哲

（陕西省绿色食品办公室）

1989 年中国农业部提出发展绿色食品以来，经过不断发展和完善，形成了符合中国国情，与国际接轨，得到国内外普遍认可的可持续农业发展的成功模式。建立了完整的绿色食品理论体系、标准体系、生产技术体系、认证体系、质量管理体系、商标体系，绿色食品事业在我国取得了长足发展。2007 年年底，全国绿色食品企业 5 740 家，产品 15 238 个，产品实物总量 8 300 万吨，产品销售额 1 929 亿元，产品出口额 214 000 万美元，产地环境监测面积 23 000 万亩，2001—2007 年，绿色食品发展速度平均每年增长 30%以上，出口创汇额平均每年增长 50%以上。绿色食品模式为我国农产品质量安全、农业资源环境保护和农业经济的发展树立了典范，为我国农业可持续发展创立了一种成功模式。

一、绿色食品模式

（一）绿色食品理论体系

绿色食品：绿色食品是遵循可持续发展原则，按照绿色农业方式和绿色食品标准生产，经专门机构认定，许可使用绿色食品标志商标的无污染的安全、优质、营养类食品。绿色食品生产从保护、改善生态环境入手，以开发无污染食品为突破口，改革传统食物生产方式和管理手段，实现农业和食品

---

[*] 本文原载于《陕西农业科学》2009 年第 1 期，193-195 页

工业可持续发展，从而将环境保护、经济发展、人类健康有机地结合起来，促成环境、资源、经济、社会发展的良性循环。

绿色食品生产资料：遵循可持续发展原则，经专门机构认定，许可使用绿色食品标志并符合绿色食品生产要求及相关标准的，专门用于绿色食品生产的生产资料。分为 A 级和 AA 级。

绿色农业：是指充分运用先进科学技术、先进工业装备和先进管理理念，以促进农产品安全、生态安全、资源安全和提高农业综合经济效益的协调统一为目标，以倡导农产品标准化为手段，推动人类社会和经济全面、协调、可持续发展的农业发展模式。与其他农业发展模式比较，绿色农业不同于有机农业、生态农业、环保农业等对"石油农业"的其他替代农业模式。绿色农业是对以前农业模式的总结和提高，总结和吸收其他农业发展模式的优秀精华；绿色农业体现了人类当前利益和长远利益的统一；体现了消费者利益和生产者利益的统一。绿色农业是现代农业的新模式。

（二）绿色食品标准体系

绿色食品标准是指应用科学技术原理，结合绿色食品生产实践，借鉴国内外相关标准所制定，是绿色食品生产和质量管理必须遵守的技术文件。绿色食品标准体系是对绿色食品产前、产中、产后实行全程质量控制的一系列标准的总和和系统。包括 5 个方面：绿色食品产地环境质量标准，生产技术标准，产品标准，贮藏运输标准，标志使用标准。绿色食品标准体系具有内容系统性、制定科学性、指标严格性和控制项目多样性的鲜明特点。

（三）绿色食品生产技术体系

绿色食品生产技术体系，是依据绿色食品相关标准，制定科学的、符合当地生产实际情况，具有可操作性的一系列技术规程，是绿色食品质量的重要保障。包括绿色食品产地环境优化选择和改造技术，绿色食品生产资料开发应用技术，绿色食品种养殖技术，绿色食品生产病虫害防治技术，绿色食品产后配套技术。

（四）绿色食品质量管理体系

绿色食品质量管理体系是确保绿色食品产品质量安全的一系列质量控制措施和办法。包括认证评估系统，环境质量管理系统，生产资料管理系统，产地生产技术管理系统，绿色食品年检办法、市场监察和产品抽检办法，标志管理办法。

（五）绿色食品商标体系

绿色食品标志是我国第一例证明商标，是中国食品的"国家品牌"，已得到国内外各界的广泛认可并接受。绿色食品商标 2008 年年底前已在中国、中国香港、日本、美国注册，其他贸易国的注册正在进行中。绿色食品商标包括绿色食品标志商标、绿色食品文字商标（中文）、绿色食品文字商标（英文）、绿色食品标志、文字组合图案、绿色食品商标规范使用标准。

绿色食品商标是一种特殊的生产力。绿色食品商标是知识产权（专利权、商标权、版权、包装设计权）对生产力的发展起着推动作用；绿色食品商标是以社会的消费者需求为基础的，它影响着人们选择生产力结构的方向。绿色食品商标从一个侧面体现了这种社会结合，绿色食品又成为调节生产、流通、消费三者关系的一种有效手段，使生产、流通、消费形成一种互相依存的紧密关系，真正实现高度的社会结合；绿色食品商标是无形的生产力；绿色食品商标在生产过程中可分解成推动力、组合力、凝聚力和增值力。正是这几种力的合力在促进生产的发展。

（六）绿色食品的功能与作用

我国绿色食品近 20 年的实践表明，绿色食品具有以下明显功能和作用：一是促进农业生产方式向绿色农业模式转变，极大地提高了我国的农业生产水平和农业经济效益；二是有效地改变了农民的生产观念；三是促进了农业产业化的结构调整和升级换代；四是实现了我国农业生产标准化；五是提高了农产品及其加工品的质量；六是提升了农产品的市场竞争力；七是树立农产品品牌；八是拓宽农产品销路和提高农产品的附加值；九是增加了农民收入；十是有效地打破了国际食品贸易的绿色壁垒，促进农产品出口。2007年 8 月 17 日我国发布的《中国食品质量安全状况》白皮书表明，中国出口的绿色食品已得到 40 多个贸易国的认可，绿色食品已成为出口农产品的主体，占到出口农产品的 90%，5 年来绿色食品出口以平均 40% 以上的速度增长。

二、陕西省农业资源和农业产业发展现状

（一）农业资源

陕西省位于中国内陆腹地，土地面积 20.56 万平方千米，耕地面积 333 万公顷，南北跨越 3 个气候带，分为黄土高原、关中平原、秦巴山地 3 个自然生态区，物种资源丰富，例如，陕北黄土高原的小杂粮、牛羊、苹果、红枣等，关中平原的小麦、玉米、蔬菜、梨、猕猴桃、杂果、牛、羊、猪等，陕南秦巴山区的茶、桑、大米、植物油及山货产品等。不同的物候条件，形成了不同的区域农产品优势特点。这些都是陕西省发展绿色食品得天独厚的条件。

（二）农业发产业展现状及存在问题

1. 农业产业情况

陕西省农业产业已初具规模，区域优势农业产业已经有了长足的发展，如以渭北苹果为主的果业、关中商品粮产业、乳制品产业、秦川肉牛产业、陕北小杂粮产业、陕南大米、茶叶和植物油等产业，已经成为陕西省农业产业的支柱，有力带动了农民增收。但还都不同程度存在着一些问题，例如，产业化程度不高，产业链不长；集约化、规模化、标准化程度较低，产业大而分散；品牌化程度与整个产业不相符；农业投入和产出经济效益相对较低，抗市场风险能力较弱等。从农业生产关系来看，基本上还处于一家一户的小农经济，这也是造成农业产业化程度较低的关键因素之一。

2. 农业生产模式

从农业生产模式来看，目前，陕西省以石油农业为主，传统农业、生态农业等各种生产方式并存。由于长期的"石油农业"生产模式，带来了许多社会问题。陕西省的农业生产基本上是依靠化学肥料在支撑，化肥的无效投入，不仅带来了肥害，而且造成了不必要的浪费，形成了一种恶性循环的施肥习惯。实际上所有农作物对不同品种化肥的利用率均不超过 50%，并随着产量水平的提高而降低，大量未被利用的氮素或以 NH_3 形式挥发，或以液态氮形式流失，对环境造成污染。化学农药是陕西省农业生产防治病虫草害的主要方式，占到农药使用的 95% 以上，对环境造和农产品质量安全造成影响，影响农产品的销售，阻碍农民增收，瓜不甜菜不香，农业损失

加大。

近几年来，绿色食品在陕西省有了较快的发展，绿色食品生产技术得到了推广，有效带动了陕西省农业生产模式的转变。如勉县以"公司+农技部门+基地+农户"的绿色食品生产模式，极大提高了勉县的大米和植物油产业的产业化程度，实现了勉县大米和植物油产业的集约化、规模化、标准化、品牌化，提高了投入产出比率，保护了耕地，增加了农民收入。2007年，勉县有6家企业，27个产品，基地面积7.24万亩，年产量3.51万吨，通过了国家的绿色食品认证，绿色食品产业已成为勉县的支柱产业；2003年，陕西省委省政府提出的300万亩绿色食品果品基地建设，四项关键技术的推广，有力地提高了陕西省果品生产技术水平和果品质量，陕西果品的"绿色"品牌形象已享誉海内外。

（三）陕西绿色食品的发展情况

截至2008年10月，陕西省绿色食品企业76家，产品194个，基地面积316.23万亩，年产量299.27万吨。从产业结构和产品特点来看，突出了陕西省农业的区域优势，在一些地区已经成为当地新的经济增长点，有效地促进了农产业的发展，带动了农民增收。但是，在陕西省绿色食品发展中还存在许多亟待解决的问题，如体系不健全，投入不足，极大地阻碍了陕西省绿色食品产业的发展。

三、结 论

绿色食品发展模式是现代农业的新模式，不同于有机农业、生态农业、环保农业等对"石油农业"的其他替代农业模式。陕西农业实现又好又快发展的出路在于走绿色食品的发展道路，绿色食品模式是陕西农业可持续发展的主导模式。

考察泰国有机食品认证的感受与思考[*]

郭 荣

（宁夏农产品质量安全中心）

泰国是传统的农业国家，土地面积 5 109 万公顷，耕地面积约占土地总面积的 38%，约 1 941 万公顷，全国人口 6 000 多万人，有 80% 的人口从事农业生产，人均耕地占有量为 0.4 公顷。农业在泰国的经济发展中占有举足轻重的地位。

农用土地中约有 59.12% 用于稻谷生产；约有 23.18% 用于种植高地作物，常见的旱地作物有玉米、木薯、高粱等；约有 9.16% 用于种植果树。得天独厚的地理位置与气候条件为农业生产提供了优越的自然条件。除了东北部地区经常遭受旱涝灾害之外，其他地方都很适宜作物生长。中部肥沃的湄南河流域是大米之乡，占世界大米总出口量的 28%，不仅满足国内消费需求，还成为亚洲唯一的粮食净出口国和世界主要粮食出口国之一，享有世界第一大米出口国的美誉。东北部与北部地区地势相对较高，近年来大量种植木薯，出口量位居全球之冠。泰国的玉米、高粱等旱地作物，主要用于饲料加工并出口，其中玉米产量排世界第四，在国际市场上占有相当大的份额；狭长的南部地区集中种植了全国 87.15% 的橡胶，使泰国成为世界三大橡胶生产国与出口国之一，世界排名第三。除此之外，泰国还有 2 600 千米长的海岸线，为海洋渔业和近海养殖业提供了辽阔的海域和滩涂，鱼产品出口在亚洲仅次于日本，其中"金枪鱼""黑虎皮虾"等品种受到欧美、日本等国家和地区消费者欢迎。泰国目前已经形成了一个遍布全国的农业推广网络。泰国农业和合作社部专门设立了农业技术推广司，并在各府、县都建有分支机构，目的在于向全国农村推广新技术。泰国现有从事农业技术推广及

---

* 本文原载于《食品研究与开发》2007 年第 9 期，186-188 页，发表时本文篇名为《泰国有机食品认证启示》

服务的工作人员共 100 多万人，相当于每 50 个农民就配备了 1 名农技推广人员。

一、泰国有机食品认证

（一）有机农业认证机构

有机食品认证机构分为 3 类：官方认证机构、私人认证机构、国外认证机构。

（二）有机农业标准

泰国农业商品与食品标准局（ACFS）2003 年参照 ISO65 导则（《认证机构实施产品认证的认可基本要求》和 EN45011（《认证机构进行产品认证的通用规范》）的相关要求制定了认证机构进行认证和检查的相关规则。根据联合国粮农组织（FAO）和世界卫生组织（WHO）的相关要求，参照良好农业操作标准分别制定了国家农作物类、畜禽养殖类和水产品类的良好农业操作标准。另外，还制定了有机食品的农作物种植和畜禽养殖的国家标准。但是，所有国家标准都并非强制性标准，用于指导农场按有机农业生产方式生产。泰国有机食品认证公司（ACT）参照国家标准和 IFOAM 基本标准制定了自己认证机构的标准。

（三）有机食品认证程序

泰国有机食品认证程序简单，分为以下 3 个步骤。

（1）生产者/加工者申请认证要详细描述以下内容：①生产者/加工者的名称和地址；②生产区域的位置；③生产者/加工者及其生产过程的详细描述；④申请者的名称。

（2）检查机构派官员检查生产地点，记录生产的相关资料并随机抽取样品依据本机构的标准进行样品分析。

（3）授权的认证机构负责颁发统一的认证证书和有机食品标准。

（四）有机农场

2005 年年底，泰国的有机农场约 500 家，主要分为五大类：独立农户农场、公司农场、政府农场项目、农户与公司合作农场和农户与非政府组织合作农场。笔者此次考察的农场包括了前3种类型。

（五）有机食品标志

泰国有机食品标志的形状像一个大写的英文字母 Q，因此在泰国也被称为 Q 标。与我国情况一样，泰国的有机食品也分为转换期有机食品和有机食品，也都使用同一个标志，也是通过颜色来区分，转换期有机食品的标志为绿色，有机食品标志为金黄色，在市场上很容易通过标志的颜色进行区别。

（六）有机食品市场

由于泰国有机农业生产和有机食品销售仍处于起步阶段，国内有机食品生产量小，主要以出口为主，少量进入国内市场，目前泰国有机农场生产的有机食品的销售途径主要有3种：一是有机农场与国内的进出口贸易公司签订销售合同，由贸易公司统一收购，清洗包装后统一出口；二是送往有加工能力的大型有机农场，由其清洗包装后进入国内超市或小型专卖店；三是大型有机农场直销进入国内超市或出口。通过对几家有机农场的考察及对部门超市的调查，泰国有机食品的价格要比常规食品高 50%~100%，这与中国的情况相似。

二、泰国有机农业带来的启示

泰国有机农业生产和有机食品认证虽然属起步阶段，但其优越的自然环境、大量资金和人力的投入、传统的农业生产方式及完善的农业技术推广与服务体系为有机食品的快速发展提供了原动力，其有机食品的发展显现出了旺盛的生命力。

第一，泰国政府对有机农业发展给予资金、技术上支持，建立政府农场项目的主要原因：一是泰国皇室对有机农业十分关注。国王亲自建立了多处皇家有机农场，每年皇室成员到各个农场进行参观和视察。二是有机农场大都建立在国家级保护区内或周围，政府希望能够利用有机农业的理念来开发和保护这些地区。三是该类地区的农民都属于生活最为贫困的农民，政府通过对他们的扶持来达到农民增收的目的。而我国在这方面还应加强，应加大对有机食品申报者的资金支持以促进有机食品认证数量的增加。

第二，泰国有较完善的有机农业技术服务体系和培训体系。笔者在考察中见证了泰国农业与合作部农产品认证处（DOA）跟踪服务体系所发挥的作用。DOA不仅有监管的权力，也有为有机生产者进行技术指导的义务。泰国还建立了对认证企业和农户的培训体系。在每个基地提出有机食品认证申请后，认证机构或相关协会和非政府组织都会对每个参与认证的农户和公司进行培训。通过对农户和公司的培训来建立诚信机制、选择目标市场和实现公平贸易等。而我国应加强认证机构与技术服务部门的联系，在有效使用有机食品证书的一年时间内加强生产现场进行检查和相应的技术服务。提高监管的力度以杜绝部分有机生产者为了继续申报使用有机食品证书而制造假记录等不符合标准的行为，提高我国有机食品的声誉，促进我国有机食品事业的发展。

第三，泰国自然环境状态良好，南北跨度大，适于发展不同类型的有机食品。沿途可以看到，植被多处于自然混杂生长状态，基本看不见冒着烟的工厂。同时有机农场多数处于偏僻地区，有着优良的天然屏障阻隔外来污染物的侵入。而我国有机食品的生产地多集中在常规农业区域内，更需要建立有效的阻隔屏障，提高植被多样性，以实现农业生态自我良好的调节，难以杜绝病虫害大面积发生。

第四，泰国单个农户农场、公司农场、政府农场项目有机农场种植面积大。作者考察的私人农场在40平方千米以上，实行统一产品标准、统一技术措施，专人操作管理。对于分散的农户，泰国采取与非政府组织或农民协会建立合作农场，对农户进行统一培训，对产品进行统一销售。这样方式的组合既可以有效地保护农民的最大利益，同时也可以保证有机产品的质量。我国实行土地家庭承包制来，形成了小规模农业生产模式，据国土资源部公布，截至2005年10月31日，我国人均耕地面积0.093平方千米，还不到世界人均耕地面积的50%。而拥有大面积土地的国有农场，也基本上由职工承包到户，变成一家一户的小农经济。土地的分散，管理人员的众多，使我国部分"公司+农户"型的有机食品生产难以实现全面质量控制。

第五，泰国拥有较完善的诚信机制。泰国的有机食品主要销往国外，部分没有出口能力的生产者与出口商签订销售合同。农场主称，双方严格遵照合同执行。为防止因产品过多或过少导致的价格大幅波动，他们采用多品种种植，依据市场行情调整种植种类。泰国安全食品销售店、超市中产品包装物上有机食品认证标识及生产者标签清晰，可以很容易地追溯到有机食品的生产地。而我国存在个别生产者、经营者诚信观念较差，不守合同的事件时有耳闻。

三、对我国发展有机食品的建议

首先，我国地域辽阔，发展有机食品生产的有利条件很多。应优先那些污染较少，隔离屏障较好的地区，特别是山区、边远和贫困地区很少使用或完全不使用化肥、农药。在这些地区现在就已存在着许多有机农业产品，只是没有把它们当作有机农产品被开发出来。只要加以适当的开发很快就会见到效益。

其次，针对我国普遍存在的一家一户小农业，不便于管理的现状，有机食品生产企业可以选择地理条件优良，自然生态环境良好的地区，进行大面积土地连片承包，建立自有种植、养殖基地，建立标准化的生产和加工体系。避免因管理分散，利益冲突产生的措施无法到位弊端，实现有机生产全过程的控制。

再次，我国许多生态农业实践的经验和技术，如良性循环综合利用技术、立体开发多层次利用技术等都可以应用到有机农产品的开发中来。不少学者在有机农业的研究上取得了许多成果，如免耕、合理轮作、生物治虫、保护天敌等，都为有机产品的开发提供了实用的技术。这些技术由农业技术服务部门应用转化到有机农业生产中，必将对推动我国有机食品的发展起着重要的作用。

最后，我国是个农业大国，也是农产品出口国。根据 WTO（世界贸易组织）的统计，我国农产品在"十五"期间出口年均增长 11.65%，世界排名稳居第五，占世界农产品贸易总额的比重从 3% 提高到 3.4%。然而，近年来国外技术壁垒和质量安全问题成为影响农产品出口的主要障碍。只有那些具有自有基地和完善的质量管理体系的出口企业，以及精深加工产品、有机产品、品牌产品才能表现出口更强的市场竞争力。因此，政府部门应投入大量资金和人力，扶持有机农业，促进有机食品数量的增长，促进我国农产品由数量型向质量型转变。

参考文献

上官卫国 . 2006. 今年农产品出口有望突破 300 亿美元 ［N］.中国证券报 . 2006-11-30（A04）.

时松凯 . 2007. 泰国食品安全认证与市场管理 ［EB/OL］. ［2007-01-19］.http：//www. ewin365. com/new_ file/000000024764. htm.

中国食品商贸信息网 . 2006. 我国发展有机食品条件多潜力大 ［EB/OL］. ［2006-03-26］.http：//www. cnfood. com. cn/news/html_ data/13/0603/8664. htm.

宁夏绿色食品原料标准化生产基地建设与发展[*]

顾志锦

（宁夏农产品质量安全中心）

绿色食品原料标准化生产基地是推进农业标准化生产的重要措施，是新阶段农产品质量安全管理的重要内容，是深化农业结构调整、优化农业生产布局、发展高产优质高效生态安全农业的重要手段，也是落实中共中央、国务院关于发展无公害食品、绿色食品、有机食品指示的具体行动。

一、宁夏① 农业现状

宁夏地处我国西北部，分为北部引黄灌区、中部干旱带和南部山区三大区域。北部引黄灌区，地势平坦，土壤肥沃，沟渠如织，农业发展水平很高。南部山区，地处黄土高原区，旱作农业和六盘山生态农业、畜牧业基础良好。中部干旱带干旱少雨，产品区域特色鲜明，产业优势别具一格。总体上讲，宁夏属工业欠发达地区，以农业经济发展为主，环境洁净，污染少，是生产绿色食品最好地区之一。

2006 年，按照农业部的要求，在自治区党委、政府正确的领导下，各市县相关部门立足引黄灌区现代农业、中部干旱带特色农业和南部山区生态农业"三大产业"体系，依托枸杞、清真牛羊肉、奶牛、马铃薯、瓜菜五大战略主导产品，以及优质粮食、淡水鱼、葡萄、红枣等 6 个区域特色产业发展优势，提出了 35 个创建全国绿色食品标准化生产基地创建申请。宁夏绿色食品办公室经过认真研究，先筛选了 9 县 10 个产品作为首批创建基地。

＊ 本文原载于《宁夏农林科技》2009 年第 6 期，144~145 页，138 页
① 宁夏回族自治区，全书简称宁夏

目前宁夏已创建了 10 个县的 12 个基地，种植面积达 168.8 万亩，年均产绿色食品原料 146 万吨。全国绿色食品原料标准化生产基地的创建，极大调动了企业申报绿色食品积极性，全区有效使用绿色食品标志的生产企业 72 家，产品 210 个，促进了宁夏绿色食品事业的快速发展。

二、标准化生产基地建设的主要措施

（一）领导重视，健全组织工作机构

农业部绿色食品管理办公室、中国绿色食品发展中心《关于创建全国绿色食品标准化生产基地的意见》下发后，宁夏政府高度重视，要求宁夏农牧厅在全区启动创建全国绿色食品标准化生产基地项目，要求相关部门给予大力支持，并把绿色食品基地创建纳入自治区农业产业化项目进行扶持，每个创建基地补助 20 万元，目前已投入资金 240 万元。

各市县委、政府对全国绿色食品标准化生产基地创建工作给予了高度关注，将此项工作作为一项事关本地区产业长足发展的新工作。成立市（县）、农业行政管理部门、乡（镇）三级组织管理机构。一是以县委副书记为组长，副县长为副组长，财政、农牧、工商质量监督等部门（单位）和相关乡（镇）主要负责人为成员的领导小组，全面负责创建全国绿色食品标准化生产基地建设项目的统一指导，协调基地建设工作。二是在农牧（林）业局内设创建基地办公室，主管局长担任办公室主任，亲自抓落实，抽调专职工作人员全力以赴开展工作。三是基地各单元成立实施小组，责任人由乡（镇）长担任，工作人员由基地单元乡（镇）的副乡（镇）长组成。为实现三级联动，建立县、乡、村建设目标责任制度和考核办法，县、乡、村层层签订目标责任书，明确职责。同时，采取领导抓片、局干部包乡镇、乡干部包村的方式，为基地创建提供强有力的组织保障。

（二）群策群力，落实任务

为推动宁夏创建全国绿色食品原料标准化生产基地工作顺利进行，宁夏农牧厅下发《宁夏创建全国绿色食品原料标准化生产基地实施办法》，宁夏绿色食品办公室对所有提出申报的基地进行环境质量状况现场调查，筛选出生态良好、无污染的基地。同时，组织人员编写了《创建全国绿色食品原料基地申报材料编制说明》。在说明中详解了绿色食品申请报告、申请书、附报材料的编写要求。编制了统一的"创建全国绿色食品原料标准化生产基地保证声明"格式、"基地清单"表样、"生产过程等记录"表样，以及"基地编号"规定等。设计了"基地标识牌"图样。组织宁夏农业技术专家，依据绿色食品标准编制了规范的作物种植技术规程。多次召开专题会议，向基地创建县分管领导、申报人员进行详细讲解。创建过程中，宁夏绿色食品办公室派出专家逐县进行检查指导。

（三）加强宣传培训，营造创建工作氛围

各市县在完善机构，建立工作制度的同时，全面展开绿色食品知识和规范的宣传工作，为基地创建顺利开展打下基础。主要采取了墙面刷写标语、编写黑板报、电视播放绿色食品生产技术，广播宣传基础知识等形式，力争让基地范围内农民了解绿色食品知识。为让农业技术人员与农户尽快理解、掌握绿色食品标准化生产技术，基地办公室利用各种培训资源，采取集中授课与现场指导相结合的办法进行培训。通过广泛宣传，强化培训，营造全面开展绿色食品基地创建工作的氛围。

（四）制定制度，建立监管长效机制

为维护和巩固全国绿色食品原料标准化生产基地成果，基地县绿色食品领导小组成员每年组成联合检查组定期进行"农资市场大检查"，深入基地各单元对重点农资品种、重点地区、重点市场开展拉网式检查，全面清理不符合条件的农资生产、经营企业（门店）。乡村监管小组随时对基地环境、生产过程、投入品使用、质量、市场及生产档案进行监管和抽查，实现层层监管。

宁夏绿色食品办公室根据《宁夏创建全国绿色食品原料标准化生产基地实施办法》和《宁夏创建全国绿色食品原料标准化生产基地验收实施细则》制定了《宁夏全国绿色食品原料标准化生产基地监督管理办法》，每年定期对基地所属县、乡（镇）、村实施现场检查，逐项打分，综合考评。对基地管理中存在的问题，一一指出，限期整改。

（五）坚持创建标准，落实基地生产管理各项措施

为确保各项全国绿色食品标准化生产基地管理措施、技术指标落实到位，基地县在制定《标准化生产基地实施方案》和《生产操作技术规程》的基础上，加大了各项管理措施的落实力度。一是确立农药定点销售部门，

建立销售台账，追查禁用农药销售去向；二是在农业投入品的使用上，要求广大基地农户认真按照绿色食品标准和基地创建技术操作规程的要求使用肥料、农药的品种，严格控制投入品使用数量、方法和时间，达到安全可控生产的目的；三是净化生产环境，对基地生产大环境进行综合治理，集中清理了废弃农药、肥料和生活用品等外包装物，平整路面，疏通渠道，使生产环境清洁畅通；四是增强防范意识，进行相互监督，全面提高保护基地长期安全生产和意识，为推进绿色食品生产建立保护机制；五是要求农户认真如实填写《农户使用手册》。

（六）整合项目资金，推动基地创建工作顺利进行

创建和巩固建设全国绿色食品原料标准化生产基地是一项综合工程，各基地县政府在建设的过程中，积极筹措资金，并整合良种直补、病虫害防治、配方施肥等项目，加大基地建设力度。中卫市西瓜基地在创建期配套资金200多万元，整合项目资金5 200万元。中宁县政府在创建期投入枸杞基地资金150万元，投入西瓜基地97万元，引导企业投入资金100万元，中宁县枸杞局还对基地创建各单元乡镇给予了2 000余元的资金奖励。为确保基地建设工作的顺利进行，中宁县人民政府每年都列出300万元以上的专项资金支持重点环节，以基地建设促枸杞产品质量和安全卫生的提升，以基地建设促产业增效、农民增收和县域经济发展。吴忠市投入80多万元。西吉县投入40.3万元，整合项目资金500多万元，同时制定了"加工企业与对接基地农户签订合同的，每亩给予30元补助"的优惠政策。资金的投入，保证了基地建设的顺利进行。

（七）建立基地建设目标责任制和奖惩制度

为了加快推进创建全国绿色食品原料标准化生产基地工作进程，切实抓好绿色食品原料标准化生产，确保基地创建工作的顺利进行，各市县政府与各基地创建单元乡镇签订了创建全国绿色食品原料标准化生产基地目标管理责任书，并列为各乡镇年终考核主要内容，各基地乡镇也与基地村签订了目标管理责任书，并与村队干部工资相挂钩，实行专项工作考核、奖罚，激励干部工作热情，确保基地创建任务的全面完成。

宁夏贺兰县依据验收办法，制定百分制考核办法，设立一等奖3名，奖励金额1 500元；二等奖5名，奖励金额1 000元；三等奖（60分以上），奖励金额500元。考核结果不足60分的扣发两个月的奖金。

三、创建标准化生产基地带来的成效

（一）产业化程度明显提高

通过创建全国绿色食品原料标准化生产基地，市（县）产业发展从基地环境保护、优质品种规划布局、农业投入品使用、生产技术培训指导到产品销售等方面加强制度建设，用健全完善的制度体系规范了生产各环节，集约化、标准化生产水平明显提高，有效带动产业持续健康发展。

（二）带动其他产业进一步发展

创建全国绿色食品原料标准化生产基地，不仅带动了基地作物效益的增加，还带动了其他产业的发展。如吴忠市绿色食品原料玉米标准化生产基地的建成，有力带动了当地畜牧业的发展。中宁县枸杞基地为减少生产加工过程中的污染，建设晾晒温棚，购进自动烘干设备加快制干进度，使用色选机，降低人为污染。推行高质量包装物，减少存储、运输污染，从而带动了机械制造、包装等产业的发展。通过创建全国绿色食品原料标准化生产基地，为农产品标准化生产树立了样板，可解决其他产业普遍存在因原料质差造成的产品质量不稳、销售不畅、效益不高、发展不快等诸多问题，有效带动其他产业走标准化之路。

（三）经济效益显著

全面推行标准化生产措施，使基地范围内销售价格明显高于往年，户均增收显著。据统计，12个基地户均增收565元。如吴忠市玉米较上年亩增产17千克，市场价格增加0.1元/千克，亩产值增加66.26元，户均增收297元，全市项目区新增产值1 075.4万元。中卫市西瓜基地在全国卖瓜难的困境中，仍卖出了好的价格。单瓜重4.0～7.5千克的西瓜产地批发价在0.5～0.7元/千克，远远高于周边省区不足0.2元/千克的产地批发价，香山硒砂瓜呈现出了量价齐增的良好局面，市场竞争力明显增强，基地农民收入大幅增加，对发展山区经济带动作用强劲，对在山区建设社会主义新农村提供了有力的经济支撑。

标准化生产、规范化管理，不仅有效提高产品质量，而且能降低投入成本。如宁夏中宁县枸杞种植基地坚持以病虫害连片统防和土壤配方平衡施肥两大技术示范推广为突破口，既改变了化肥用量过大导致土壤板结严重、投入成本增加，以及病虫害防治药剂配方、农药品种、剂量大小、防治时间不统一，造成了交叉感染严重、防治次数多、农药投入成本较高的枸杞生产现状，又使农户亩节本增收223元。

（三）生态效益明显

在生产中严格执行绿色食品保准和规范，减少了化肥和农药的投放，不仅减少了对土壤、水质等污染，有效地保护环境，同时有机肥的科学使用，既增加土壤有机质，改善土壤理化性状，又达到了用地和养地相结合的目的。

（四）社会效益明显

创建全国绿色食品原料标准化生产基地，不仅从源头落实了绿色食品生产技术和标准，为绿色食品产品提供了优质、安全的原料，同时也宣传了绿色食品知识，扩大了绿色食品知名度，促进绿色食品的消费，提高人们对食品安全的信任度。

四、基地创建中存在的不足

（一）基地宣传、培训力度不足

由于绿色食品原料标准化生产基地范围广，涉及农户多，培训力度不足，部分农户对建设基地的意义和作用认识还不够深刻，生产经营行为还比较被动，自觉遵守绿色食品生产技术标准的意识还有待进一步提高。存在着投入品使用量、方法和时间不够规范的问题。受文化程度限制，部分农户对操作技术规程的学习和使用还有一定差距，填写《农户使用手册》还不够规范。

（二）基地设施建设投入不足

基地创建工作涉及面较广，内容较多，技术要求较高，管理严格规范，需要大量的资金和技术手段作保障。部分县基础设施建设资金十分有限，特别是检验检测设备等必备的生产建设投入相对滞后，无法满足标准化生产基地建设的正常需要。

（三）"统一"生产管理制度困难

绿色食品原料标准化生产基地要求建立统一优良品种、统一生产操作规程、统一投入品供应和使用、统一田间管理、统一收获"五统一"生产管理制度。针对我国一家一户的生产管理模式，统一投入品供应和使用、统一田间管理、统一收获的管理目标的实现有一定困难。

个别县重创建、轻巩固管理，主要依靠农业执法大队进行农业投入品的监督检查，基地领导小组联合检查时有松懈。

五、今后应加强的工作

（一）进一步提高认识，加快建设步伐

2009 年，宁夏只有 10 个县建立了 12 个基地，种植作物种类只涉及水稻、玉米、马铃薯、西瓜、荞麦、枸杞、灵武长枣，有 14 个县（市、区）的基地创建工作处于空白，小麦、油料、蔬菜等作物还没有纳入创建范围，也没有建立健全相应的管理机构和激励机制，不利于绿色食品事业健康稳步发展。各县（市、区）应从提高绿色食品品牌形象、保障绿色食品安全、加快发展现代农业、深化农业结构战略性调整、推进农业标准化进程、提高农产品质量和竞争力的角度，进一步提高认识，增强紧迫感和使命感，加大申报力度，加强基础设施建设，建立健全七大体系，全面落实全程质量控制措施，促进基地原料的转化增值和基地农民增收。

（二）进一步完善各项管理体系，加大监管力度

充分发挥基地领导小组的职能作用，确实加强农业投入品监督管理，使各项管理制度落实到实处。

（三）进一步强化培训，提高人员素质

进一步强化农业技术人员绿色食品标准和规范的培训，使其成为承担农户培训、落实绿色食品生产规范的支柱。利用科技入户工程、百万农民培训工程，加强农民培训工作，提高生产者素质。发挥各县"农业110"的作用，扩大宣传和服务力度。

（四）进一步加大技术、资金投入

全国绿色食品原料标准化生产基地建设是一个长期工作，需要提供坚实的技术支撑、资金扶持。要通过政策导向、体制激励等措施，引导和鼓励各类技术资源与力量流向基地，为基地创建提供水平高、实用性强、含金量大的技术指导与服务。

合力监管开创绿色食品监管新局面

刘东亮 尚 禹 高 虹 王 南

（上海市农产品质量安全中心）

上海市共有 9 个涉农郊区县，93 个涉农乡镇，外加光明食品集团，有 3 100 余家农产品生产企业。截至 2014 年年底，共有 170 家绿色食品企业，245 个获证产品。绿色食品产量 36.4 万吨，绿色食品上市量约占全部农产品上市量比例的 6%。下面将上海市绿色食品监管工作实践介绍如下。

一、认证严把关

证后监管成效与证前受理把关密切相关。上海市绿色食品发展中心在绿色食品认证方面采用"先预评—后受理—再检查"模式，申报主体在正式申报绿色食品之前，须先经过实地考评，后受理申请，再进行正式认证实地检查。预评一方面对绿色食品有关标准、规范中的关键环节、关键点对申报主体进行一对一交流，使企业自我评估生产实际与绿色食品标准、规范的差距，以及按标准进行生产管理的可行性；另一方面对申报主体的理念、动机、环境、生产管理、投入品使用、技术队伍、记录档案等状况进行申报受理前的评价，通过这种模式，实际上是对申报主体多做了一次实地检查、培训和宣传，从实践情况看，这种方式效果很好，一旦企业管理层，对绿色食品标准深入了解，自我评价可行，那么获得证书后，他们对标准、规范的遵循比较有保障，对绿色食品品牌也比较珍惜，上海市绿色食品续展率基本保持在 80% 以上。

二、监管抓落实

贯彻全程监管，是实现绿色食品常态化监管，有效防范风险的关键措施。一是抓好企业自查，每年 3—4 月春播季节前，由上海市绿色食品发展中心发起，区县组织，企业内部检查员实施，集中开展绿色食品企业生产自查工作，强化企业是农产品质量安全第一责任人意识、生产自律意识、绿色食品品牌意识。二是抓好实地监管，每年组织市、区（县）、镇对口部门，对上海市绿色食品获证企业的生产过程实施监管检查，检查按市级抽查、区县全覆盖检查、乡镇日常巡查模式常态化开展。为强化实地监管效果，从 2013 年起上海市绿色食品发展中心每年组织一次全市区县对口机构交叉监管大检查，通过交叉检查，搭建区县检查员之间取长补短，提高能力的平台。2014 年上海市获证企业实地检查覆盖率基本达到 100%，各区县工作机构现场监管检查合格率 100%，市级监督抽查合格率 97.8%。三是抓好市场标志监察，每年对上海市 50 多个市场开展绿色食品标志市场监察，重点关注上海市本地生产的绿色食品产品标志使用情况，及时促改，避免上海市地产绿色食品不规范用标产品在兄弟省市流通。2014 年上海市场监察工作中，绿色食品标志使用合格率 96.4%，比往年有较大幅度提高。四是抓好产品抽检，上海市对绿色食品的质量抽检比例一直保持较高的水平，近年来绿色食品抽检比例保持在 60% 以上，样品检测合格率保持在 100%。五是抓好证书年检，按季度书面通知企业，按年检程序完成证书加盖年检章，并及时缴纳标志使用费，2013—2014 年上海市 90% 以上获证企业按期完成缴费和加盖年检章。

三、队伍专业权威

一是上海市绿色食品发展中心设立监管科，专门负责全市"三品"证后监管工作，目前有在职检查员 3 人，且资历较深、经验丰富。二是监管队伍专业性强，上海市目前共有绿色食品检查员、监管员 136 人，各区县检查员、监管员队伍主要来自区县农委各条线管理部门和区县检测部门。条线部门检查员具有专业技术优势和部门资源优势，对提升上海市绿色食品工作队伍的监管能力和监管效果有积极作用，企业亦能做到"令行禁止"。检测部门检查员有业务优势，对辖区风险产品、风险因素、风险时段心中有数，他们在绿色食品实地监管工作中的监管针对性强，可提供质量检测服务及有效的内部风险预警。

四、经费全面保障

上海市市农委对认证农产品监管工作高度重视，监管经费充足。一是证后产品抽检有预算，绿色食品证后监督抽检经费纳入年度农产品质量安全监测项目预算，2014年、2015年"三品"（无公害农产品、绿色食品、有机产品）监测预算达到100余万。二是证后环境监测有预算，2013年起，针对商品有机肥的潜在风险，为监测绿色食品企业产地环境状况，对上海市10%比例绿色食品的企业生产基地，进行证后产地环境例行监测，监测项目依据绿色食品产地环境标准进行，从近3年来环境例行监测结果来看，上海市绿色食品生产基地环境未发现不合格情况。三是监管员证后实地监管有预算。上海市绿色食品监管员多由各部门和检测中心人员兼职，农产品企业分布在广大农村，交通不便、工作辛苦，为确保绿色食品证后监管检查工作正常开展，提高监管员工作积极性，上海市绿色食品发展中心又申请了专项工作经费，对基层一线监管员进行适当补贴。四是市场标志监察有预算，确保完成每年至少1次覆盖市区郊区50个超市、农贸市场，以及每年2~3次重大节假日前5~10个固定市场的绿色食品市场标志监察工作。

五、能力有效提升

能力提升关键在基层，关键在企业。一是加大对基层监管员队伍培训，每年定期举办区县绿色食品检查员、监管员培训班，提高市、区、镇监管队伍的理论素养。二是加强交叉监管提高基层检查员实地检查能力。2013年起，每年举办区县机构交叉大检查活动，提高检查员能力和责任意识。三是提高认证监管工作有效性。2014年起与上海市质监局合作，组织区县检查员积极参与质监局开展的绿色食品认证有效性检查活动，提高监管工作规范性，营造合力监管的氛围。四是加强企业内部检查员队伍培训，提高企业内部自律能力。每年定期组织企业内部检查员参加培训，提高内部检查员的理论素养和责任意识。2014年共培训绿色食品内部检查员237人次，每个绿色食品企业保证至少一名培训合格的内部检查员。五是开展有资质检测机构的轮换检测。同年度一家检测机构检测一个区县绿色食品，下一年度轮换其他检测机构检测，根据检测任务完成数量、质量情况，分配下一年度检测任务量，使检测机构之间形成服务竞争、质量竞争、技术竞争局面，提高检测结果客观性、公正性、有效性。

六、责任主体考评

区县监管员完成证后监管工作须认真填写检查记录表，对发现的问题要根据问题性质给予口头或书面整改建议。上海市绿色食品发展中心对检查表填写情况进行有效性评价，主要评价填写情况、问题发现情况、抽查验证情况等，并适当与有关检查员"工作补贴"挂钩，上海市绿色食品发展中心正在探索对区县机构"三品一标"认证和监管工作责任考核机制。

七、引导社会监督

一是建立绿色食品基地标识牌，标注投诉举报电话，将绿色食品企业日常生产管理置于社会各界监督之下，督促企业强化生产自律。二是发挥农协会等民间组织对获证企业的约束力、影响力。农协会有自己的销售渠道，通过农协会等销售渠道销售的绿色食品比较常规产品市场价格要高30%以上，其中在日常监管不合格企业或被举报违规生产企业，产品不得纳入农协会渠道销售。三是建立农产品质量安全信息平台。将辖区绿色食品企业概况，生产档案及产品质量检测情况上传到网络追溯系统，接受社会公众监督查询。

八、问题和建议

一是超市、农贸市场地产绿色食品标志使用率低。以上海市为例，在对50家超市、农贸市场中只发现8个地产获证绿色食品，占总共245个地产绿色食品比例仅为3.3%。据调查，多数企业以礼盒用标形式配送销售，大众化超市、农贸市场难以见到，不能形成市场品牌引领效应。二是网络销售平台绿色食品用标不规范情况在上升。近年来，投诉举报网上销售假冒、超范围用标或用标不规范绿色食品情况明显增多，应引起全国各地绿办的高度重视，网络不是法外之地，网络销售绿色食品也应规范使用绿色食品标志，在各地实地监管工作中，对获证主体有网上销售农产品的，应加强关注。三是包装标识其他问题。如产品名称、执行标准、营养标签、产品说明，生产日期或生产批号等标识违反国家标准或绿色食品标准等。现各乡镇成立了市场监管所，对绿色食品的市场检查越来越严格，一些小规模生产的农产品企业，对哪些产品包装按《农产品包装标识管理办法》执行，哪些按 GB 7718—2011《食品安全国家标准　预包装食品检签通则》执行不清楚，容易在市场上被查处，因此绿色食品在包装审查过程中应更全面、仔细，不仅认证申报时要审，还应建立包装标识跟踪审查制度，持续为获证企业提供技术指导服务。

关于加快推进我国"三品一标"事业
发展问题的研究与思考*

刘学锋

(山东省绿色食品发展中心)

"三品一标"(无公害农产品、绿色食品、有机食品、农产品地理标志)事业自 20 世纪 90 年代初期我国农业发展进入新阶段后,由农业部先后推出发展至今,规模逐渐壮大,质量稳定可靠,带动作用日趋显著,市场优势逐步呈现。但规模成型、影响力提升后带来的发展随机、监管缺失、后劲不足等问题也日益凸显。进一步强化组织领导,突出职能队伍建设,跟进有力保障措施,全面加快推进全国"三品一标"事业持续健康发展,势在必行。

一、加快推进"三品一标"事业发展的重要意义

扎实推进"三品一标"事业发展,是我国在农业现代化进程中实施品牌引领战略的重要体现,是改善农业生产资源环境,提升农产品质量安全水平的主要抓手,是加快农业生产方式转变,推进农业产业结构调整的必然选择,是在我国经济转型期实现工业化、信息化、城镇化助推农业现代化的重要手段。全面加快推进全国"三品一标"事业持续健康发展,要求迫切,意义重大。

(一)发展"三品一标"是党和国家对现代农业建设的长期要求

自 2004 年起,加快发展"三品一标"相关内容连续多年被写入中央一号文件。2012 年国务院印发《全国现代农业发展规划(2011—2015)》再

---

* 本文原载于《中国食物与营养》2015 年第 8 期, 第 28-31 页

次提出了"加快发展绿色食品"的要求。习近平总书记 2013 年年底视察山东省讲话时指出：要以满足吃得好、吃得安全为导向，大力发展优质安全农产品。2014 年中央一号文强调"以满足吃得好、吃得安全为导向大力发展优质安全农产品，努力走出一条生产技术先进、经营规模适度、市场竞争力强、生态环境可持续的中国特色新型农业现代化道路"。国务院办公厅印发《中国食物与营养发展纲要（2014—2020 年）》提出：要大力发展无公害农产品和绿色食品生产、经营，因地制宜发展有机食品，做好农产品地理标志工作。农业部指出，发展"三品一标"是中央明确的一项任务，并确定"三品一标"是政府主导农业部实施的唯一一项国家安全优质农产品公共品牌，是当前和今后一个时期农产品生产消费的主导产品，要求在推动农业生产方式转变的过程中，用"三品一标"来引领农业品牌化，用农业品牌化带动农业标准化，用农业标准化提升农产品质量安全和农业效益。

（二）发展"三品一标"是满足当前社会安全消费的必然要求

当前社会安全消费意识越来越强，对优质安全农产品需求越来越大，迫切需要能有效辨识的优质安全农产品。"三品一标"作为农业部门强力推动和打造的优质农产品公共品牌，社会信誉度和市场认知度已显著呈现，社会各界关注度也越来越高。越来越多的加贴"三品一标"标志的产品走进了各大中型超市，受到社会消费者的青睐，走进了老百姓的家庭，成为老百姓信得过的公共消费品牌。为此，大力发展"三品一标"，有效提高农产品质量安全水平，确保食用农产品消费安全，是满足当前社会对食品消费安全的必然要求。

（三）发展"三品一标"是推进农业环境保护和可持续发展的重要手段

长期以来，化学农药、肥料、除草剂、地膜为代表的化工类投入品的过量和不规范使用，影响了农产品和耕地品质，资源环境压力越来越大。无公害农产品、绿色食品、有机食品生产技术核心是减少化学农药、肥料使用，推广高效肥料和低残留农药，提高使用效率；控制除草剂，提倡使用可降解地膜；注重精耕细作、轮作、使用畜禽有机肥培肥地力等传统农业生产技术与现代农业生产方式相结合；注重应用清洁生产、水肥一体化、节水农业等先进生产技术。在生产模式上，绿色食品和有机食品注重推动发展循环农业、生态农业。因此，通过推行"三品一标"标准化生产，提高农产品品质，提升耕地质量，带动循环农业、生态农业建设，是改善我国农业环境和实现农业可持续发展的必由之路。

（四）发展"三品一标"是当前实施农业标准化生产和提升农产品质量安全水平的最佳途径

农业标准化生产的核心是标准，关键是生产，发展"三品一标"正是把科学的技术标准与生产实际结合的过程。无公害农产品标准，是农业强制性标准，《无公害农产品管理办法》规定：无公害农产品管理工作，由政府推动，国家适时推行强制性无公害农产品认证制度。绿色食品标准是农业部发布的农业行业推荐标准，包括产地环境、生产技术、产品质量、包装贮运等标准规范，贯穿"从土地到餐桌"整个过程。有机食品标准与国际接轨，以实现人与环境和谐相处的农业生产推荐性标准。地理标志登记产品质量要求不得低于无公害农产品标准。"三品一标"标准适应范围广，涵盖面大，权威性强，拿来即用。扎实推广能够实现全程质量控制的"三品一标"技术标准，是实施发展农业标准化生产的核心和关键，是实现农产品质量安全提升的最佳途径。

（五）发展"三品一标"是实施农业品牌化战略、提升优质农产品市场竞争力的必然选择

"三品一标"是政府公共品牌，农业部确定了在推动农业生产方式转变过程中，用"三品一标"来引领农业品牌化的工作思路，并决定不再发展其他农产品品牌。目前，我国例行举办的全国性展会，如中国国际农产品交易会、中国绿色食品博览会、中国国际有机食品博览会等，"三品一标"产品已润物无声地应邀登台亮相，且成为展会主角，这也是各地方政府和生产主体展示推介区域优质农产品的需要，是开拓农产品市场的需求，是必然。实施农业品牌化战略，提升优质农产品市场竞争力，加快推进"三品一标"发展是不二选择。

二、"三品一标"事业发展存在的主要问题和制约因素

尽管我国当前"三品一标"发展规模连续攀升，发展态势较为强劲，产品质量稳定可靠，但立足产业的长远发展，立足农业品牌战略，立足农产

品质量安全水平提升，立足推进农业产业结构调整和农业生产方式转变，仍存在着不少关键性的问题和制约因素。

（一）发展有规模无规划，亟须加强组织领导和规划指导

当前，"三品一标"整体发展政策形势和发展环境优势明显，发展规模稳步提升，但各级政府和部门还没有把"三品一标"工作实质性的纳入区域经济规划和工作整体部署，缺少必要的政策、资金支持，整体发展的不计划性还很强，不利于持续、稳定、长远发展。虽然有的地方政府出台了一些鼓励政策和扶持资金，但并未出台全国性的"三品一标"发展规划，没有出台专门的政策和设立专门资金，无法保证各地方统一协调发展。

（二）监管有职责无手段，亟须完善监管职能和监管措施

随着全国"三品一标"发展规模的逐步提升，监管任务越来越重，但现有的人员、经费和手段都明显不足，无法满足强化监管的需要。当前，"三品一标"在各级农业部门还存在被不同程度的边缘化，不能纳入整个农业工作大局去谋划、去推进。新的《绿色食品标志管理办法》就明确了县级以上农业行政主管部门对依法推动绿色食品发展和实施监管的职责。所以说，"三品一标"的监管，亟须明确监管职能单位，完善监管队伍，亟须出台系统性的监管措施，必须纳入整个农业工作系统中去组织、去实施。

（三）体系有队伍无队列，亟须推动工作机构和体系队伍建设

当前，全国各地除了省级农业部门设立了专门的"三品一标"工作机构外，绝大部分市、县两级均为挂靠机构或者仅指定负责人员，应该说是有队伍无队列。从省级工作机构来看，有的省市是农业部门内部处室设置，大部分为农业部门所属事业单位，湖南、安徽、广西①、甘肃等省区工作机构为参公管理的事业单位，其他均为全额或甚至差额事业单位，机构性质也是各式各样。所以说，当前的"三品一标"工作体系队伍建设还很不健全，很难满足山东省"三品一标"事业发展的形势需要。

（四）事业有目标无措施，亟须出台鼓励政策和推进办法

目前很多地方政府或部门以数量或产地面积的形式提出了"三品一标"

---

① 广西壮族自治区，全书简称广西

发展的目标，以山东省为例，省政府连续两年的食品安全工作重点均对"三品一标"产地认定面积占食用农产品产地总面积的比率提出了明确的任务目标要求。2014 年，山东省省政府《"食安山东"品牌引领行动方案》又提出了到 2015 年年底，全省"三品一标"产地认定面积占食用农产品产地面积比率要提高到 60% 以上的任务目标要求。但如何上下联动，努力实现任务目标要求，大部分省份并未出台具体的鼓励推动政策，没有配套专门的推进事业发展资金。

（五）生产有标准无技术，亟须强化成果转化和示范推广

当前，无公害农产品、绿色食品、有机食品均有各自的专门标准，有的是国家推荐标准，有的是农业行业推荐标准，各地方都在要求生产主体落实这些标准。但是如何以这些标准为基础，进一步转化为生产技术，扎扎实实的推广到田间地头，做得还很不够。目前，仅有的一些转化就是一些地方参照这些标准，以生产技术规程的形式制定了一些地方标准。除此之外，没有其他措施支撑来开展综合性的理论体系研究和基础性的配套技术研究，缺乏产业发展所必需的基础理论体系建设，缺乏质量保障所必需的技术体系研究。

（六）品牌有内涵无市场，亟须加大品牌宣传和消费引导

无公害农产品、绿色食品、有机食品标准严格，在具体生产过程中，需要更高的投入，更严的管理，产品质量才能达到标准要求。但从市场反应来看，"三品一标"品牌仅仅实现了让消费者知道，但离让消费者真正的了解和认可差距还很远，另外，高生产成本产出的优质品牌农产品在市场上并未体现出价格优势，品牌市场开拓带动作用也不明显，亟须各级政府和部门加强品牌公益宣传和社会消费引导，提升品牌价值和市场开拓力度。

三、加快推进"三品一标"事业发展的对策与建议

我国"三品一标"事业未来一个时期的发展，要进一步强化政府主导，部门规划，财政扶持，进一步加大技术研究与推广，加强宣传与引导，健全职能队伍建设，推进事业依法实施进程，努力开创"三品一标"事业"发展要有新规划、推进要有硬举措、监管要有真效力、质量要有实保障"的工作新局面。

（一）强化政府主导，部门推动，制定长远发展规划

应编制全国"三品一标"事业发展总体规划，作为指导事业未来一个时期发展的纲领性文件，指引全国"三品一标"事业科学持续健康发展。同时配套制定有效措施，实现全面推动、协调发展。各地方按照全国规划要求，因地制宜制定地方发展规划，或把"三品一标"事业列入当地区域经济发展规划，做到全国一盘棋，上下联动，持续推进"三品一标"产业结构调整，稳步实现产业水平升级。

（二）加大扶持力度，保障"三品一标"事业持续健康发展

一方面，建议各级政府出台专门的推进"三品一标"事业发展的政策措施。另一方面，建议财政列专项资金，扶持"三品一标"事业发展，重点包括对推动"三品一标"事业发展研究，"三品一标"基地建设、技术研究与试验示范推广的扶持和奖励，对"三品一标"申报主体单位的奖励或补助。

（三）加强技术研究，切实加大"三品一标"生产技术示范与推广

应以各级农业部门为主体，加强与高等院校、科研院所等单位的合作，争取多方支持，积极推进事业发展理论体系研究和基础性技术研究，以基地建设为抓手，加大"三品一标"技术研究、培训、试验与推广投入力度，尽快把"三品一标"标准转化为与切实可用的生产技术，为"三品一标"事业持续、健康发展提供有力的理论和技术支撑。

（四）突出宣传引导，全力提升"三品一标"品牌价值

除全国绿色食品博览会和全国有机食品博览会以及其他常规推介外，充分利用各种媒体，扩大我国"三品一标"品牌的整体影响力，提升品牌信誉度。同时，努力提升品牌市场竞争力，对国内市场，在农产品产地准出和市场准入制度建设过程中，抢抓机遇，提高"三品一标"品牌市场权重。国际市场，通过与有规模实力、品牌知名度高的对外出口型"三品"龙头企业联合，将"三品一标"品牌带入国外市场，稳步拓展国际市场空间。通过持续的市场引导，有效解决品牌无效应、优质不优价问题。

（五）完善机构职能，突出抓好机构体系建设

2012年农业部新修订的《绿色食品标志管理办法》提出，根据绿色食品事业公益性、品牌公共性的特点，要构建部省地县贯通的逐级农业行政主管部门管理体制，进一步明确和强化了各级农业行政主管部门依法推动绿色食品发展和加强监管的职能职责。《农业部关于加强农产品质量安全全程监管的意见》（农质发〔2014〕1号）提出："依托农业综合执法、动物卫生监督、渔政管理和'三品一标'队伍，强化农产品质量安全执法监督和查处"。农业部在2014年全国农产品质量安全监管及"三品一标"工作会议上指出："'三品一标'工作机构是农产品质量安全监管一支重要依靠力量"。为此，各级政府和部门应进一步强化"三品一标"工作机构体系建设，完善机构职能，充实工作力量，尽快建立一支省、市、县、乡贯通，能承担"强化农产品质量安全执法监督和查处"工作职能，满足当前"三品一标"事业发展形势和任务要求的专业工作队伍。

参考文献

陈晓华 . 2010. 在绿色食品20周年座谈会上的讲话［R］.

陈晓华 . 2014. 在全国农产品质量安全监管暨三品一标工作会议上的讲话［R］.

国务院 . 2012. 全国现代农业发展规划（2011—2015）［EB/OL］.http://www.gov.cn/ zwgk/2012-02/13/content_ 2062487.htm.

国务院办公厅 . 2014. 中国食物与营养发展纲要（2014—2020年）［EB/OL］. http：//www. gov. cn/zwgk/2014-02/10/content_ 2581766. htm.

山东省人民政府 . 2014. "食安山东"品牌引领行动方案［EB/OL］.http：//www. shandong. gov. cn/art/2014/5/8/art_ 285_ 5760. html.

山东省人民政府办公厅 . 2014. 2014年全省食品安全重点工作安排[EB/OL].http:// www.shandong.gov.cn/art/2014/3/3/art_ 285_ 5736.html.

中共中央，国务院 . 2014. 关于全面深化农村改革加快推进农业现代化的若干意见 ［EB/OL］.http：//www. gov. cn/jrzg/2014-01/19/content_ 2570454. htm.

中华人民共和国农业部，国家质量监督检验检疫总局 . 2002. 无公害农产品管理办 法［EB/OL］.http：//www. bjny. gov. cn/nyj/231595/605906/5712633/index. html.

中华人民共和国农业部 . 2012. 绿色食品标志管理办法［EB/OL］.http：//www.food-mate. net/law/shipin/175057. html.

中华人民共和国农业部 . 2014. 关于加强农产品质量安全全程监管的意见 . http：// www.moa. gov. cn/govpublic/ncpzlaq/201401/t20140124_ 3748960. htm. 2014.

督查服务到位　绿色安全到家

田玉广

（洛阳市绿色食品办公室）

中央电视台播放的纪录片《舌尖上的中国》让我们看到了美食中国，同时，全国人民也开始关注"舌尖上的安全"。农业部推出了"三品一标"（无公害农产品，绿色食品，有机产品，农产品地理标志）认证，引领了农产品质量安全生产的方向，给国人一个放心的餐桌。"三品一标"是政府主导的安全优质农产品公共品牌，是当前和今后一个时期农产品生产消费的主导产品。纵观"三品一标"发展历程，虽有其各自产生的背景和发展基础，但都是农业发展进入新阶段的战略选择，是传统农业向现代农业转变的重要标志，也是物质条件达到一定水平之后人们追求健康的一种体现，更是社会发展到一定阶段时生产者必须奉献出安全食品的必然要求。

作为一个普通的消费者，我关注食品安全是为了自己的身体健康，是出于本能的需求。但是，作为一名绿色食品工作者，对此有着更深刻的理解，时刻感到自己肩上的担子更重，责任更大，职业道德要求我宣传绿色食品有关知识，日常监管中要求生产单位严格执行绿色食品生产规程，只有这样才能厉行了一个绿色食品监管员的职责，才能算是爱岗敬业，才能把自己从事的事业做好，才能让消费者吃上真正的"绿色食品"。

绿色食品产生于20个世纪90年代初期，是在发展高产优质高效农业大背景下推动起来的。洛阳市绿色食品办公室成立于1998年11月，是河南省率先成立的市级绿色食品管理机构之一，我接触绿色食品工作是在2003年，也正是受此影响，对绿色食品知识有了了解，对做好绿色食品有着独有的青睐，有着特殊的感情，有着执著的付出，那就是一定要让更多的绿色食品贡献到国人的餐桌上。

民以食为天，食以安为先，安以质为本，质以诚为根。舌尖上的安全和我们每个人都息息相关，无时不在每个国人心中思量。那么，如何做好绿色食品监管工作？如何保护绿色品牌，让消费者认知绿色食品？如何强化绿色食品水果、蔬菜病虫害防治？这 3 个大大的问号就成为每天必须面对的、必须思考的问题，也就是从这 3 个方面做好农产品的产地关。

一、以源头监管为抓手，做到量体裁衣，完成规定性动作

企业生产中存在着很多不规范因素，职工素质高低不同，市场上农资种类较多，新产品不断变更名称出现，也让购买者感到了困惑，为此，洛阳市绿色食品办公室实施了全方位监管，突出监管重点环节。

（一）抓生产投入品监管为重点

把允许使用的投入品清单交给企业，便于生产过程的监管。为确保生产单位能够规范购买符合规定的绿色食品生产所需农资，我们把"A 级绿色食品生产允许使用的农药和其他植保产品清单""生产 A 级绿色食品不应该使用的药物""生产 A 级绿色食品产蛋期和泌乳期不应使用的兽药""生产 A 级绿色食品不应使用的食品添加剂"等制作成固定版面，分发到各生产单位，悬挂在农业生产资料仓库，制作版面 80 套。其目的就是让购货人明白哪些农业生产资料该进，哪些农业生产资料不该进。

（二）把规定性动作做好，对没有按规定执行的实行年审一票否决制度

印制了"绿色食品生产农药、兽药（入库、出库、使用）记录台账""绿色食品生产肥料（入库、出库、使用）记录台账""绿色食品生产食用菌生产记录台账""种植业（果树）管理情况表""种植业（粮食、蔬菜）播种和收获管理情况表""种植业（大田、温室）管理情况表"装订成册，共印制 120 套。规定对台账保存 3 年以上，便于查阅；要求每批次农资使用前必须有企业内部检查员签字同意后方可出库使用。通过这种方式，充分发挥了企业内部检查员的职责，因为他们才是生产中的第一道防线。同时，这也为监管员在不定期检查时提供了帮助，为开展企业年审奠定了基础。

（1）三聚氰胺事件对全国乳制品行业造成了一次地震，为此，洛阳市绿色食品办公室在对两家乳制品生产企业的监管上，严格要求做到执行洛阳市质量技术监督局每周一次例行监测，执行国家、河南省一季度按时送样检测的做法。

在质量监管工作中，2003 年至今，洛阳生生乳业有限公司的"生生牌"酸牛奶、纯牛奶、巴氏鲜牛奶产品质量安全有保证。2006 年至今，洛阳巨尔乳业有限公司"巨尔牌"纯牛奶、"白马寺牌"酸牛奶产品质量安全。

（2）豆芽是洛阳市绿色食品办公室的重点监控产品。洛阳新农村蔬菜食品公司申报的"绿豆芽""小绿豆尖""黄豆芽""小黄豆尖" 4 个产品获得绿色食品认证，为强化监管，首先查看绿色食品生产基地的原始进货发票，逐一核对，并要求企业做到送样到洛阳黎明化工研究院的实验室例行监测，执行农业部果品及苗木质量监督检验测试中心（郑州）每半年一次质量检测，2013 年以来产品质量安全合格。

（三）抓检查，保质量

如何能够让企业做到规范化生产，多年的工作中总结出用"规则、规定"约束，以"检查"保质量，凭"记录"查找不足。具体做法为，一是有通知的检查，二是随机性突查。第一种形式每季度不少于一次，检查中发现问题有专人记录，之后约谈，听取对方解释，对一般性问题给予一次整改机会，待第二次检查时重点查看，否则记录污点一次，年度有两次污点的就在年审时否决。第二种形式做到每两个月一次，实施中重点检查台账、仓库、生产车间或生产基地，一旦发现有违背绿色食品生产的做法，责令整改，并停止使用带有绿色食品标志的包装销售本月内的产品，并强制要求企业做一次产品检测。

二、注重品牌保护，增强绿色食品影响力

（一）对照标准抓获证企业生产过程操作

如何维护绿色食品的品牌，关系到消费者利益，更关系到企业的发展，为此，洛阳市绿色食品办公室把对获证生产单位日常监管放在一个重要位置。监管中紧紧围绕"保证产品质量、规范企业用标"两大中心任务，完善各项监管制度。一是检查获证企业是否按质量控制措施和生产技术规程进行管理和生产；检查加工原辅料来源是否受控；农药、肥料等投入品贮藏是否有适宜场所和专人管理，是否有出入库记录；生产加工是否符合相应认证加工技术规程要求；产品包装和标识是否有违法违规行为；标志管理是否严格规范、合理用标。二是检查认证基地。检查产地环境质量状况是否与认证

时相符合；是否有使用国家明令禁限用农药的行为；病虫害的发生、防治、肥料施用等生产过程是否有记录，记录是否完备；是否建立了产品生产、销售记录档案；农药、肥料等农业投入品的使用是否符合相关准则，是否执行了原料订购合同；产品采收是否符合农药安全间隔期要求，等等。这种看似烦琐的程序成为了质量安全保证的有力武器。

（二）采取多种形式营造绿色食品氛围

绿色食品虽然好，但是如何让广大的消费者认知、认同是一个长期的任务，所以，洛阳市绿色食品办公室做到了"两手抓"，一抓宣传普及绿色食品知识，二抓培训提升安全生产水平。自机构成立以来，坚持做到每年年初召开全市绿色食品生产企业和申报企业座谈会，统一一年度宣传方案，要求各生产企业积极配合做到位。一是结合全省放心农业生产资料下乡宣传周活动；二是在城市公共活动场所组织企业开展产品展示、品尝、生产流程等宣传，让广大市民加深对绿色食品知识的了解认识，由专家指导市民辨别真伪；三是利用送科技下乡培训活动发放各类宣传资料；四是利用洛阳媒体发布有关绿色食品的认证程序、收费标准、监管办法、绿标使用、续展等内容，为企业申报提供参考；五是利用每次检查的机会，鼓励企业开展维护品牌公信力宣传活动，教育职工树立产品质量安全意识。据统计，洛阳市绿色食品办公室已发放绿色食品宣传彩页、宣传画册 20 000 余份，制作宣传版面 102 块。

三、运用技物结合防控虫害，提升水果、蔬菜质量安全水平

水果、蔬菜是"菜篮子"的组成部分，更是人们日常生活中不可或缺少的消费产品，其质量安全关系千家万户。近几年来，针对绿色食品生产中病虫害防治措施和方法与技术推广部门联合，帮助引导企业创新病虫害防治方法，减少农药施用量，降低农药残留。在认证的蔬菜、水果类基地，积极引导企业推广普及杀虫灯、粘虫板、性诱剂等物理、生物措施防治病虫害，收到了良好效果。

（一）物理防控虫害，减少农药施用量

在绿色食品种植基地内应用"灯、板、套、性"等设施，通过应用频

振式杀虫灯、粘虫板、果实套袋、性诱剂迷向干扰害虫交配等物理措施，降低了基地及周边的害虫密度，减少了喷药次数和农药使用量，减轻了农药对果实的污染。同时，也降低了农药对环境的污染。同时，在水果生产区域内，对苹果、葡萄、梨全部进行了果实套双层纸袋，套袋率达到100%。在蔬菜生产中使用防虫网设备，有效地降低了害虫危害程度，农药使用量降低。上述措施的应用，有效地降低了果实的农药残留量。

（二）综合运用树体管理技术，全面提升果品质量

（1）做好整形修剪，调节树势。依据不同树种、不同品种，制订修剪办法。冬、夏修剪相结合，实现树体枝条分布合理，通风透光良好，生长中庸，树势健壮。

（2）疏花控产，疏果提质。根据不同树种、品种及栽培管理条件，依据枝果比、叶果比等依据，来确定最佳质量标准前提下的留果量。疏花疏果的应用量达到100%。

（3）运用铺设反光膜、摘叶和转果技术措施，促进果实全面着色，提升外观品质，提升苹果卖相。洛阳市1.8万亩苹果全部应用该技术，极大地增加了单位经济效益。

（三）印制禁用高毒、高残留农药彩色宣传页

按照绿色食品生产标准，在病虫害发生季节，开展巡回检查，督促和指导果农安全使用农药。宣传农药安全使用知识，印发了"禁用、限用农药规范"宣传年历，分发到生产者手中，要求张贴在仓储房上，强化农药安全使用意识和知识。

（四）严把果品采摘、包装、贮藏、运输关，杜绝二次污染

严格按照水果、蔬菜成熟期适时采收，禁止提前抢青采摘。使用安全包装材料，杜绝使用有害产品，提倡使用可以回收再利用的环保材料。

（五）倡导基地生产配餐施肥

依据产品认证前的环境监测报告，结合测土配方施肥新举措，积极调理土壤氮、磷、钾平衡，适量微肥搭配。在生产中推广了果园生草与覆盖技术，增加土壤有机质含量，改善土壤团粒结构，而且提升了土壤的水、肥、气、热及耕性。

　　我是一名绿色食品管理人，最重要的是明白自己职责是什么，我的服务对象是谁，我的努力方向在哪。多年与绿色食品打交道，让我明白了一个道理，在其位谋其政，尽其责倾其心，抓监管做服务，帮助企业健康发展。为此，我将会用心为绿色食品这个"绿色产业"去做好每一件事，我愿意把服务当快乐，更愿意用一位监管员的职业道德践行社会主义核心价值观，让更多的绿色食品进入千万家。

2015 年 7 月 10 日

多措并举 推进新疆"三品一标"产业持续健康发展

赵芙蓉

（新疆农产品质量安全中心）

2010 年以来，在中央新疆工作座谈会精神感召下，在 19 个对口援疆省区无私援助下，新疆①经济社会各项事业得到持续快速发展，发挥新疆精神、践行新疆效率、体现新疆特色是各族人民最为急切发展的心理写照。尤其是在以农业援疆机制为平台的扶持政策，进一步加快了新疆品质农业、高效农业发展步伐，将新疆农牧业现代化建设推进了新的发展阶段。新疆"三品一标"（无公害农产品、绿色食品、有机产品、地理标志农产品）产业在这一大好形势鼓舞下，紧紧围绕自治区"两个可持续"发展要求，按照农产品质量安全体系建设部署，以"绿色新疆，品质农业"为发展理念，坚持以农业增效、农民增收为核心，以建立健全服务体系和人才队伍建设为主线，构建事业发展长效机制，切实推进事业发展，取得了一定成效。

一、新疆"三品一标"事业取得的主要成效

"三品一标"是我国安全优质农产品的公共品牌，对于保护生态环境，提升产品质量，增加企业效益和农民收入发挥了重要的作用，目前，在新疆已基本形成"整体推进、各有侧重、协调发展"的工作格局。特别是 2012 年全区通过扎实开展"三品一标"品牌提升行动以来，全面加大了规范认证和证后监管力度，在保持产品稳步发展的同时，进一步提升了品牌的公信力，成效显著。截至 2014 年年底，全区有效期内的"三品一标"企业、合作社 368 家，产品数 1 184 个，实物总量 942 万吨。其中无公害农产品 781

---

① 新疆维吾尔自治区，全书简称新疆

个，实物总量 415 万吨；绿色食品 277 个，实物总量 242 万吨；有机食品 69 个（农业系统认证），实物总量 0.97 万吨；登记保护农产品地理标志 57 个，实物总量 284 万吨。全区有效期内的无公害农产品产地 243 个，面积 699 万亩。已批准创建的全国绿色食品原料标准化生产基地 53 个，总面积 746 万亩，实物总量 527.9 万吨。基地覆盖 25 个县市 251 个乡镇（场）51 万个农户，83 家龙头企业与基地对接。各类绿色农业面积 1 103.6 万亩，占耕地面积（与 2010 年耕地面积 6 805 万亩相比）比例为 16.2%。建设的无公害农产品、绿色食品标准化生产基地及认证的"三品一标"产品已完全覆盖粮、油、糖、肉、蛋、奶、菜、瓜，以及红枣、枸杞、番茄、辣椒、蜂蜜、熏衣草等特色作物和一些初加工、精深加工产品。

二、主要做法与措施

近年来，新疆"三品一标"呈现出良好的发展态势，关键在于各级政府的高度重视与高位推动，顺应了自治区农牧业现代化建设的要求，基础在于地州市服务体系建立健全与人才队伍建设，构建了事业长效发展机制。我们的主要做法如下。

（一）着眼长远，健全体系机制

1. 各级领导高度重视，加快推进各项工作

2000 年，习近平总书记指出"绿色食品是 21 世纪的食品，很有市场前景"。2004—2010 年中央一号文件连续 7 年都提出"要大力发展绿色食品"。2010 年"中央九号"文件专门提出"要努力把新疆建设成为国家绿色农产品生产和出口基地"。2011 年，《自治区农牧业现代化建设规划纲要（2011—2020 年）》提出，到 2015 年、2020 年绿色农业比重分别达到 30%、50%。2014 年，自治区农业农村工作会议上，中央政治局委员、自治区党委书记张春贤讲话指出，"要打好新疆绿色牌，加大绿色、有机农产品基地建设力度"，等等。中共中央、自治区领导的指示精神，是我们奋力推进工作的根本保证。

2. 狠抓机构建设，建立健全服务体系

从自治区层面，我们进行了机构职能整合，成立了新疆农产品质量安全中心（新疆绿色食品发展中心）负责新疆的"三品一标"认证、管理工作；从地州层面，针对地域广大、条件艰苦、"三山夹两盆"的地形地貌，给"三品一标"认证、监管工作带来了诸多不便这一工作现状，近几年来，我

们从建立健全各级工作机构入手，结合新疆实际，积极探索、完善发展模式。经过2~3年努力，通过不断加强宣传和引导，积极采取汇报、调研、对接服务等各种措施，引起各级政府和有关部门对"三品一标"事业的高度重视，各地州农业行政部门开始设立"三品一标"工作机构。目前，14个地州市都以单设、挂靠、内设的形式建立了"三品一标"工作机构，都配备了2~3名专兼职工作人员。自治区、地两级服务的体系建立健全，县级服务体系建设初步展开，进一步夯实了新疆"三品一标"事业发展基础。

3. 加强人才队伍建设，不断夯实事业发展基础

重点是对各地州、县市"三品一标"检查员、监管员以及获标企业内部检查员的培训。先后与新疆维吾尔自治区畜牧厅、新疆维吾尔自治区林业厅等部门协调、合作，举办种植业、养殖业、林果业、水产业等行业专业技术人员培训班28期，累计培训人数近4万余人次。目前，全区有获得农业部注册的种植业无公害检查员408人，地标核查员123人，有绿色食品检查员、监管员131人，"三品一标"企业内部检查员达1 000余人。针对新疆地域广大、交通不便、工作周期长、难度大、不确定因素多的特点，积极争取国家农业部农产品质量安全中心、中国绿色食品发展中心的支持，增加委托检测机构数量，以提高检测机构服务能力。目前，全区同时具备"三品一标"检测资质的机构已有4家。地州、县市服务体系建立健全、人才队伍的发展壮大以及检测机构的增多，在组织产品申报、开展现场检查、指导以及证后监管等方面，提供强有力的工作、技术支持。

4. 改进工作与提高效率结合，加快事业发展

一是进一步将"三品一标"申报材料初审、现场检查以及获标企业年检等工作下移至地州级工作机构逐步开展，新疆绿色食品发展中心业务重点转向对各地州市的业务指导与服务，同时，不定期地组织部分地州工作机构的检查员到自治区开展"三品一标"申报材料的文审工作，加强针对性练习，及时解决工作中存在的问题，增强责任意识、风险意识，提高业务水平和工作能力，缩短认证流程、认证周期；二是监管重心前移至县市，加强获标企业属地管理责任，从源头上降低农产品质量安全风险。加强组织领导和工作协调，细化职责分工，强化考核评价，建立起分级负责、上下联动、区域互动的应急机制，切实做到早发现、早控制、早处理，防患于未然。

5. 完善制度，健全机制

在以往工作基础上，2014年7月，新疆维吾尔自治区农业厅、林业厅、畜牧厅、水产局联合发布了《关于加快我区绿色食品发展的意见》和《新疆绿色食品产业发展规划（2014—2020年）》。制定下发了《自治区绿色食品企业年检实施工作方案》《自治区绿色食品企业市场监察工作方案》等一系列认证管理制度，着力推进认证监管工作程序化、制度化、规范化。同时，把"三品一标"纳入当地农产品质量安全监管范围，强化政府监管职责，落实属地责任，逐步建立起"以行政执法监督为主导、工作机构监管为保障、属地管理工作为基础"的监管体制机制，认真按照统筹好速度、质量、效益协调发展的工作方针，稳中求进，稳中求好，不断提升产业素质和发展水平，有力地推进了"三品一标"产业的持续健康发展。

（二）着眼源头，严格认证管理

认证是保证"三品一标"质量和监管的源头，新疆一直把严格认证审核作为监管的第一关。

一是严格标准，切实保证"三品一标"质量。重点严把"三关"。严把文审关，严格按"三品一标"各项技术标准准则要求，严谨、科学、负责地做好咨询、文审工作。严把现场检查关。按照"三品一标"认证审核工作程序要求，严格检查员注册和签字负责制，做好现场实地检查工作。严把检查监测关。严格按照环境监测和产品检测程序、技术要求，确保检测监测工作的严肃性。三方面严格把关，努力做到认证的规范性和有效性。

二是明确发展重点，防控认证风险。按照新疆"十二五"农牧业现代化建设规划纲要、自治区绿色食品有机食品发展规划的要求，明确"三品一标"的发展重点，坚持发挥区位优势与比较优势的原则，"主导产业+主导产品"相结合的原则，"龙头企业+基地+品牌"的认证模式原则进行有序规范的发展。同时，对认证风险程度高的产品，积极争取中国绿色食品发展中心与农业部农产品质量安全中心的技术支持与帮助，并聘请专家，进行现场授技。

三是规范操作，实现可追溯。严格落实"一查二核"企业年检制度和市场监察方案，强化地州级工作机构在年度检查和市场监察中的主体地位，每个企业的年检实地检查任务落实到专人和检查时间，把企业投入品使用、生产记录、包装标识等作为年检的重点，规范企业的质量管理和标志使用。着力推行"三品一标"企业"三上墙、两规范、一手册"制度建设，即"安全责任制度、内部检查员责任制度、质量安全承诺书三上墙，生产记录、农资管理两规范，监管巡查要有手册"生产主体规范性建设，全面建立三品一标企业诚信体系。

（三）着眼宣传，树立精品品牌

一是为营造良好氛围，新疆各地各级全面组织动员，加强了"三品一标"宣传培训工作，增强广大人民群众食品安全意识。近年来，在全区 14 个地州市，每年均举办 2 期培训班，制作发放了"三品一标"宣传（册）单 300 余万份。各地州市制定发布"三品一标"标准、种植规程近 1 000 项，制定发放各类手册、宣传板近 3 500 万份。积极参与新疆电视台、新疆广播电台、新疆农业信息网、农民日报等宣传媒体活动近 300 次。通过一系列宣传培训活动，大大提高了"三品一标"企业和社会公众的农产品"安全生产、健康消费"意识。

二是大力开拓国内外市场建设。近年来，新疆维吾尔自治区党委、人民政府高度重视农产品市场开拓，按照"政府搭台、企业唱戏，市场运作、形成体系，突出重点、分步实施，互利双赢、共同发展"的要求，我们以名优特新、精深加工的"三品一标"农副产品为切入点，以搭建外销平台、培育流通主体、建设流通体系、注重品质品牌、建立长效机制为战略重点，进一步明确了新疆农产品市场开拓工作的总体思路，加大了工作力度，优先打造以北京市、上海市、广州市为中心的三大特色优质农产品展销平台，逐步在华北、华东、华南地区市场建立长期稳定的销售渠道和网络，以此推动新疆瓜果、畜禽、特色等大宗农副产品长期稳定进入国内外大市场。

三是大企业、大集团主动参与，树立了农产品精品品牌形象，增强了示范带动效果。以"三品一标"为主的农产品质量认证标志，已成为新疆农产品精品品牌形象。特别是新疆天山面粉集团有限公司、新疆麦趣尔有限公司、新疆巴口香实业有限公司、中储粮新疆公司、新疆香梨股份有限公司等一批国家、自治区级农业产业化龙头企业，已成为获标企业的骨干企业，获标产品已成为中国著名商标、驰名品牌以及自治区农业名牌产品。天山面粉、麦趣尔牛奶、红旗坡糖心苹果、库尔勒香梨、天山蜜王淖毛湖哈密瓜、皮亚曼石榴、楼兰红枣、和田骏枣、乡都葡萄酒、巴口香牛肉等一大批新疆农业名牌产品，经受住了市场检验，商家青睐、市民赞誉、媒体认可，同时也带动了农民增收。

参考文献

郭新正 . 2012. 实施农业标准化　实现农业品牌化——对新疆农业标准化与"三品

一标"发展的几点认识 [J].新疆农业科技（4）：56-58.

刘英杰，郭新正 . 2010. 新疆绿色食品产业发展现状及对策建议 [J].农产品质量与安全（4）：26-28.

杨玲 . 2013. 新疆"三品一标"工作现状与展望 [J].农产品质量与安全（2）：29-30.

张磊 . 2008. 新疆绿色食品产业发展存在的问题及对策 [J].科技情报开发与经济（15）：113-114.

郑娜，王艳 . 2012. 加快新疆绿色食品产业发展的建议 [J].区域经济（3）：23-25.

立足新疆资源优势
加快绿色食品生产

任力民　　玛依拉

（新疆维吾尔自治区绿色食品发展中心）

随着我国加入 WTO（世界贸易组织）和国内广大人民群众的生活水平日益改善，国际国内市场对农产品的质量要求越加苛刻，消费者即要求食物的多样性，更加注重其质量和安全性，绿色食品生产已成为 21 世纪农业发展的新亮点。

一、绿色食品产业是具中国特色的新兴产业

绿色食品生产是我国的一项开创性工作。20 世纪 80 年代末，我国农垦系统一部分有识之士在思考如何做好环境保护工作时认为，不能走先污染后治理的老路，必须树立保护环境与治理污染并重、以保护环境为主的思想。根据这个思想，在研究、制定农垦经济和社会发展"八五"规划和 2000 年设想时，结合农垦系统已经形成粮、棉、糖、胶、奶为主的拳头产品和企业大多地处生态环境比较洁净、具有技术和管理上的相对优势的实际情况，并结合经济发展和城乡人民的生活需要，提出了发展"无污染的食品"。这一生产过程由于与环境保护有关，因此将无污染的食品定名为绿色食品，突出这类食品出自良好的生态环境，并能给人们带来旺盛的生命活力。1990 年，绿色食品工程开始从全国农垦向全国逐步展开，由此拉开了我国绿色食品生产的序幕。

所谓绿色食品，是遵循可持续发展原则，按照特定生产方式生产，经专门机构认定，许可使用绿色食品标志商标的无污染的安全、优质、营养类食品。

绿色食品按产品划分，共分为农林产品及其加工品、畜禽产品、水产

品、饮料类产品、其他产品等，其下又分 57 小类；按技术标准划分，分为 A 级和 AA 级两个等级。A 级绿色食品允许在生产过程中限量使用限定的化学合成物质，质量安全标准达到发达国家的先进水平；AA 级绿色食品禁止在生产过程中使用任何人工合成化学物质，相当于国际通行的有机食品。

经过多年的探索发展，绿色食品事业创建了以"技术标准为依据、质量认证为基础、商标管理为手段"的运行管理模式，其核心内容为：一是实行"从土地到餐桌"全程质量控制，包括产地环境监控、生产过程管理、产品质量检测、包装标识规范等 4 个环节。二是实行产品质量认证制度。由法定认证机构以第三方的角度向社会发布具有科学性、公正性、权威性的认证结果。三是实行证明商标使用许可制度，产品获得绿色食品认证后，生产企业与中国绿色食品发展中心签定绿色食品标志商标使用许可合同，获得绿色食品标志商标的使用权。

绿色食品、无公害农产品、有机食品都属于安全农产品的范畴，是我国农产品质量安全工作的重要内容。无公害农产品是绿色食品发展的基础，绿色食品是在此基础上进一步提高。无公害农产品生产侧重最终产品的安全，有机食品生产侧重环保，而绿色食品生产则是环保和安全并重，三者之间相互衔接，互为补充。

二、全国及新疆绿色食品发展状况

就全国而言，截至 2004 年年底全国绿色食品生产企业总数达到 2 836 家，产品总数达到 6 496 个。实物总量 4 600 万吨，主要产品产量：大米 339.1 万吨，占全国总产量的 3%；面粉 63.9 万吨，占 1.1%；食用植物油 31.6 万吨，占 2.4%；蔬菜 300.8 万吨，占 0.6%；水果 435.5 万吨，占 5.8%；茶叶 13.8 万吨，占 17.9%；肉类 15.5 万吨，占 0.2%；液体乳及乳制品 336.5 万吨，占 67.3%。产品国内年销售额 860 亿元，出口额 12.5 亿美元；环境监测的农田、草场、林地、水域面积 8 940 万亩。从产品结构上看，种植业产品占 61.4%，畜牧业产品占 17.2%，渔业产品占 4.1%，其他产品占 17.3%。

全国绿色食品产业主要特点有以下几方面。一是绿色食品发展速度全面加快。2004 年是全国绿色食品发展最快的一年，实现了速度、质量、效益的同步增长。产品增长速度达到 61%，比 2001—2003 年平均增长速度的 30% 提高了 31 个百分点。发展绿色食品产生的企业效益和回报率进一步提高，实现了"稳定存量、发展增量、扩大总量"的预期目标，绿色食品生产已进入良性循环的发展轨道。绿色食品在总量规模不断扩大的同时，质量和品牌形象进一步提升。二是绿色食品发展与农业和农村经济的中心工作结合更加紧密。发展绿色食品，提高了优势区域带农业标准化生产水平和农产品质量安全水平，促进了农业结构调整。如陕西省的绿色食品苹果生产基地面积已扩大到 240 万亩；黑龙江省已开始建设 20 个大型绿色食品标准化生产基地，种植面积达 1 230 万亩，产品总量规模 470 万吨。发展绿色食品，推动了农业产业化发展，促进了农业增效。目前，在 3 批 582 家国家级农业产业化龙头企业中，绿色食品企业有 220 家，占 37.8%；在各地省级龙头企业中，绿色食品企业超过了 40%。发展绿色食品，在突破技术贸易壁垒、带动农产品扩大出口中发挥了更加积极的作用。2005 年以来，绿色食品出口继续以较快的速度增长。发展绿色食品，发挥优质优价的市场效应，促进了农民增收。黑龙江省发展绿色食品，拉动全省农民人均增收 81 元，比去年增加 45 元。三是绿色食品整体品牌形象和市场影响力进一步扩大。2004年以来，国家通过开展农产品质量安全宣传周、农产品交易会、绿色食品上海博览会等一系列活动，进一步扩大了绿色食品影响，引导了消费，培育了市场，促进了贸易。在消费市场需求的拉动下，国内外许多大型采购商和主流商业连锁经营企业更加重视发展绿色食品流通贸易，使绿色食品的品牌效应进一步放大，市场价值也得到进一步提升。在绿色食品品牌的吸引下，国内乳制品、食用油、啤酒等行业的一批大型骨干企业积极申请绿色食品认证，以树立产品安全优质的形象，进一步增强产品的市场竞争力，绿色食品品牌已开始起到整体推动食品行业发展的作用。

新疆绿色食品工作于 1992 年启动以来，经过 12 年的不断探索，打造出一批具有较高知名度和影响力的安全优质农产品精品品牌。当前，新疆绿色食品事业正处于十分重要的发展时期，随着人们对绿色食品认识的提高，形成绿色食品快速发展的积极因素和有利条件，绿色食品工作已成为新疆农产品质量安全工作的一个重要组成部分，其品牌已成为代表新疆安全优质农产品的一个精品形象。2004 年新疆绿色食品事业继续保持加快发展的态势，有机食品快速启动，开局喜人。截至 2004 年年底，新疆绿色食品生产企业达到 65 家，产品达到 110 个，其中国家级龙头企业 7 家，自治区级龙头企业 12 家，总产量 110 万吨，产值达 18.8 亿元，绿色食品、有机食品原料产地监测面积 520 万亩。开发的绿色食品产品种类主要为畜禽蛋奶类、粮油类、糖类、饮料类、果类（干果类、鲜果类）、蔬菜类、蔬菜加工品、果类加工品、酒类、水产品、食用菌类等，其中原料产品占 29%，初加工产品占 23%，深加工产品占 48%。2004 年，新疆有机食品认证也有了重大突破。受理的 2 家企业的 10 个产品获得了中绿华夏有机食品认证中心颁发的有机食品证书，产品总产量 4 940 吨，监测面积 65.5 万亩；赛里木湖 64 万亩水域通过了有机食品基地认证，该基地是中绿华夏有机食品认证中心批准的全国第一个有机食品生产基地。与 2003 年相比，有机食品企业总数及产品总数分别增加了 50%、90%，实物总量增长 93%，产地环境监测面积扩大 2%。总结起来，一是绿色食品发展规模稳步扩大。绿色食品生产企业总数、产品数、原料基地面积、绿色食品产量、产值等都比 2004 年有所增加。与 2003 年相比，2004 年有效使用绿色食品标志的企业总数和产品总数分别增长 9%、12%，实物总量增长 18%，产值增长 40%，产地环境监测面积扩大 6%，2004 年企业续报率达到 45%。二是绿色食品产业发展水平有所提升。产品结构逐步优化，原料产品、初加工产品、深加工产品三者间的比例逐步协调，绿色食品的品种在原有的肉、奶、水稻、面粉、食用油等基础上，增加了新鲜蔬菜、食用菌、果脯等花色品种。三是从事绿色食品生产的企业较快增加，绿色食品的金字招牌为生产企业和农户带来了明显的经济效益，有力地推动了绿色食品加快发展。2004 年，绿色食品申报企业和申报产品均创历史新高。

虽然新疆获得绿色食品产品标志产品数量，在全国范围内处于中上水平，但是，在绿色食品事业发展当中，新疆还存在不少问题和差距。全区上下统筹抓绿色食品产业发展的氛围还不浓厚，部分地方政府和领导对发展绿色食品产业的重视程度还不够，缺乏有效的组织和扶持，绿色食品的产品认证完全由企业自行申报，增加了申报难度。绿色食品的产品结构、品种结构比较单一。绿色食品生产技术不规范，农产品原料生产基地不稳定，生产组织方式不适应产业化的发展方向，参与国外竞争的绿色食品加工企业寥寥无几。同类产品品牌混杂，缺乏驰名绿色品牌。

三、立足新疆资源优势，加快有机产品与绿色食品发展

新疆具有发展绿色食品的巨大空间。新疆地域辽阔，有大量的地区没有受到现代工业和人为侵蚀、污染，是开发绿色食品的天然理想场所，有丰富的土地资源条件和适宜的气候资源条件，有一批国内外知名的优质特色农产品，经过多年的发展，已建成了一定规模的产业基地和一批龙头企业，形成

了独具特色的产业体系和生产技术优势。经过 12 年的绿色食品开发，加强对绿色食品的全程监（检）测，新疆大气环境、土壤结构、灌溉用水质量均达到《绿色食品产地环境技术条件》的要求，未出现过任何超标现象，这就证明了新疆具有发展绿色食品生产的优良生态环境。因此，新疆必须充分利用资源优势和正在大力培育的特色优势产业，采取综合有力的措施，大力发展有机（绿色）食品生产。

第一，绿色食品事业涉及农业生态环境和人民生活健康安全，绿色食品生产需要从生产、加工、销售各个环节提供全方位的社会化服务，需要加强全程监控，仅靠一方面力量难于推进这项事业快速健康发展，因此，就需要各级政府从加强农业基础地位，统筹经济社会发展，统筹人与自然和谐发展的战略高度，把绿色食品的开发生产作为促进农业结构优化升级、带动农业产业化发展、助农增收的有效途径。强化对绿色食品事业的领导和支持，明确或建立专门机构负责协调此项实业。

第二，要把绿色食品的开发生产与自治区农业四大基地建设有效地结合起来。对新疆的一些特色农产品产业，从一开始就规范和推广使用绿色食品、有机食品生产技术，实行标准化生产，发挥传统技术和现代科技优势，提高产品质量和档次，增强市场竞争力。

第三，实施龙头企业推动战略。大力扶持新疆龙头企业开展绿色食品的生产、加工、销售，通过龙头企业的有效牵引，把农民个体无序化生产变成基地有序化生产，由松散型经营向集约型经营转变，进一步规范绿色食品生产，实现加工增值，努力开拓市场。

第四，加强农产品质量安全体系建设。要加快建立和完善新疆的农产品质量安全检验监测体系，改进检验监测手段。加强市场农产品市场监管，推行市场准入制度。加大对新疆绿色食品的宣传力度，促进市场消费，为新疆绿色食品事业的发展营造有利的社会环境。

2005 年 1 月 11 日

绿色食品产业对新疆农村经济
发展的推动作用[*]

玛依拉·赛吾尔丁[1]　赛都拉·玉苏甫[2]

(1. 新疆维吾尔自治区绿色食品发展中心；

2. 新疆维吾尔自治区种子管理总站)

绿色食品是人类对自己物质文化活动反思后正确回归的产物，是根植于环保农业、自然农业、有机农业并辅以高新技术的新兴产品。绿色食品产业在可持续发展原则指导下，以一种新兴的产业发展思路，通过适度的技术、理性的经济行为生产安全、优质食品，同时降低对环境的污染度。这一产业经十几年的科学规范发展，对新疆农村经济的增长起到了积极的推动作用，对农业的可持续发展发挥了极好的示范带动作用。

一、我国绿色食品发展现状

截至 2006 年 12 月 10 日，全国有效使用绿色食品标志企业总数达到 4 615 家，产品总数达到 12 868 个，分别比 2005 年增长 24.9% 和 32.3%。实物总量超过 7 200 万吨，产品年销售额突破 1 500 亿元，出口额近 20 亿美元，产地环境监测面积 1 000 公顷。从产品结构分析，种植业产品占 57.1%，畜牧业产品占 14.2%，渔业产品占 5.8%，饮料类产品占 16.5%，其他产品占 6.4%。产品质量抽检合格率达 97.9%，企业年检率达 95%。目前，国际上类似我国绿色食品的有机食品、生态食品、自然食品生产和贸易十分迅速，市场容量也在迅速扩大，这对我国绿色食品是一个良好的发展机遇，随着中国绿色食品产业在标准、技术、管理、贸易等方面进一步与国际相关行业接轨，中国绿色食品的国际形象和地位将得到进一步巩固和提高，从而在国际市场上梳理

---

* 本文原载于《新疆农业科学》2008 年第 49 卷（S1），259-261 页

中国农产品及其加工品的精品和名牌形象，促进中国绿色食品的出口创汇。

二、新疆绿色食品发展现状

新疆绿色食品工作于1992年启动以来，不断探索，打造出一批具有较高知名度和影响力的安全优质农产品精品品牌。当前，新疆绿色食品事业正处于十分重要的发展时期，随着人们对绿色食品认识的提高，形成绿色食品快速发展的积极因素和有利条件，绿色食品工作已成为新疆农产品质量安全工作的一个重要组成部分，其品牌已成为代表新疆安全优质农产品的一个精品形象。截至2007年12月底，新疆有效使用绿色食品标志企业总数达到71家，产品总数达到201个。其中国家级龙头企业6家，自治区级龙头企业23家。原料产品占30%、初加工产品占22.5%、精深加工产品占47.5%。绿色食品产品认证数量继续保持30%的递增速度，续展认证企业和产品数量分别达到75%和79.41%，排在全国产品第六位，产地监测面积40.39万公顷。新疆绿色食品发展规模稳步扩大，绿色食品生产企业总数、产品数、原料基地面积、绿色食品产量、产值等都比2006年有所增加。与2006年比，2007年有效使用绿色食品标志的企业总数和产品总数分别增长25%、35%。绿色食品产业发展水平有所提高。产品结构逐步优化，原料产品、初加工产品、精深加工产品三者间的比例逐步协调，绿色食品的品种在原有的肉、奶、水稻、面粉、食用油等基础上，增加了新鲜蔬菜、食用菌、果脯等花色品种。从事绿色食品生产的企业较快增加，绿色食品的金字招牌为生产企业和农户带来了明显的经济效益，对农村经济的增长起到了较大的推动作用。

三、绿色食品产业对新疆农村经济发展的推动作用

（一）绿色食品发展模式带动农户生产，增加农民收入

绿色食品"从土地到餐桌"的全程质量控制措施，要求申报企业必须建有符合绿色食品产地环境标准要求并且能满足其生产规模的绿色食品原料基地。绿色食品原料基地要集中连片、易于管理，在这样的约束条件下，基地的生产就必须有一定的规模，而且要集中。同一种作物（品种）的规模化种植（养殖）可以促进农业规模化生产和标准化生产。这一要求形成了绿色食品"公司+基地+农户"的主要生产管理模式，该模式就是通过公司

和农户签订种植供应合同，保证产品原料来源的固定性，同时，农户收获产品有了销路，而且价格还高于一般市场。这样，公司保证了产品质量，农民增加了农业收入。

（二）绿色食品技术标准保障农产品质量安全，有利于农业可持续发展

绿色食品标准包括产地环境质量标准、生产技术标准、产品标准和包装标签储运标准等，这些标准又包含了各方面详细准则，如农药、肥料、兽药、饲料添加剂、食品添加剂、渔药等使用准则，还有严格的产品标准，都保证了绿色食品"从土地到餐桌"全程质量控制措施的落实，保障了农产品质量安全水平。同时，绿色食品的开发，较好地改善了新疆许多地区的农业基本生产条件，环境要素得到了定期监测，有效预防了环境灾害。由此建立起产业发展与环境保护相互依存、相互促进的良性互动机制，使农业生产、保护环境和增进健康三者得以有机结合起来。所以说，绿色食品产业的发展在一定程度上促进了生态经济的增长，有利于农业可持续发展。

（三）绿色食品品牌优势提升了农产品市场竞争力和产品价值

农产品竞争本质上是质量的竞争，是与质量有关的生产方式和管理体制的竞争。以源头监管为重点，从环境、技术、管理等环节入手，对农业生产全过程进行有效监控的绿色食品已成为国内农产品进入大型超市，走向国际市场的"新卖点"和农产品出口的新的"增长点"。在优质优价的市场机制作用下，企业和农户发展认证产品的积极性不断增长，品牌效益得到了充分的体现，农产品自身价值也得到了大大的提升，增加了农民收入，促进了农村经济的增长。

（四）绿色食品发展有利于农业结构调整，增强区域农业竞争力，促进农村区域经济增长

深化农业和农村经济结构调整，是提高农业竞争力和增加农民收入的一项战略措施。作为农业产业体系的组成部分，绿色食品的发展与结构调整的重大措施紧密结合，在促进结构调整中发挥着积极作用。同时，绿色食品有着重发展区域优势农产品的特点带动了当地优势作物的发展，使其在原来的基础上更大程度地扩大了影响力，增强了区域农业竞争力，促进了农村区域经济增长。

四、采取有力措施，加快绿色食品产业发展

（一）加大宣传引导力度，全面营造绿色消费意识

加大宣传力度，广泛普及绿色食品及其标志的基本知识，引导消费者树立优先消费绿色食品的营养意识。使人民真正认识到开发绿色食品在保护农业生态环境，保障人体健康，提高农业和食品加工业经济效益，以及增强农产品的市场竞争力等方面的作用。把绿色消费形成一种文化，提高人民的绿色食品消费意识，从而使新疆绿色食品营销水平得到更大的提高。

（二）拓展国际国内市场，为绿色食品拓展出更多的生存空间

加大拓展市场力度，以搞活经营拉动开发绿色食品能否打出去，关键是要看市场拓展的力度如何。搞好市场拓展，必须要坚持以市场为导向，突出地方特色，选择有市场竞争力的"拳头"产品，把绿色食品开发同发挥区域优势产业结合起来，建立高标准的绿色食品原料生产基地。要通过实施绿色食品名牌战略，精心培养一批名牌绿色食品，努力扩大名牌比重，发挥名牌效益，提高市场占有率。要在加强信息系统建设、搞好市场分析和预测的同时，组建一支高素质的营销队伍，坚持经常深入外地搞推销。在此基础上，还要在一些大中城市设立绿色食品专卖店、连锁店、营销专柜等形式的营销网络，大力拓展外埠市场。

（三）加大科技创新力度，以提高品质牵动开发

绿色食品具有很高的科技含量，绿色食品产业必须由高科技来支撑。应该从全面提高产品档次入手，大力引进新品种和新技术，培植优良品种，优化品质结构，变初加工为深加工、精深加工，不断提高产品的附加值。可以通过引进国内外生产绿色食品先进技术，并会同高校和科研部门协助企业消化吸收和创新。要加强产学研联合，推进企业技术进步。通过采取多种企业共建和企业与大专院校、科研单位联建的方式等多种形式搞好技术中心建设，把技术引进与技术开发有机结合起来，促进新疆绿色食品产业的大发展。

（四）加强监督管理，确保绿色食品质量安全水平

绿色食品管理相对滞后是制约当前绿色食品产业发展的重要原因之一，

如何加强绿色食品质量保证体系建设，成了当今绿色食品发展的一项重要而且必须研究的课题。绿色食品开发管理应该要坚持"数量与质量并重、认证与监管同步"的方针，突出抓好认定产地的投入品使用和获证产品的监督管理，坚决打击假冒绿色食品的现象和行为，绿色食品办公室与工商、技术监督、公安等有关部门对市场销售假冒绿色食品的行为和不规范用标的生产企业进行检查和打击，净化绿色食品市场，确保绿色食品质量安全水平，确保绿色食品产品质量和信誉。

（五）以龙头企业为主导，加快产品认证进程

2007 年，在新疆国家级和自治区级农业产业化龙头企业中，绿色食品企业占 19%，发展潜力还很大。应充分发挥龙头企业在产业一体化经营中的主导作用，带动绿色食品产品认证和原料基地的发展。同时积极组织和引导龙头企业与绿色食品基地实行产销对接，建立"以市场需求为导向、认证标志为纽带、龙头企业为主体、基地建设为依托、农户参与为基础"的一体化经营体系，促进龙头企业与基地建设共同发展。

（六）争取政策支持，保障资金投入

绿色食品的开发应该说是一个高投入、高风险产业，没有政府的政策推动和资金扶持，很多企业就因不愿意或者没有能力去承担风险而放弃开发绿色食品。没有资金扶持，绿色食品开发配套的科学技术就难以创新，更无法推广。所以，绿色食品作为利国利民的新生产业，作为我国农产品质量安全工作的一个重要抓手，应该得到政府的政策推动和资金支持，这也是发展农村经济的一项有力措施。

参考文献

陈锡文 . 2006. 当前的农村经济发展形式与任务［J］.农业经济问题（1）：7-11.

李秋洪，袁泳 . 2002. 绿色食品产业与技术［M］.北京：中国农业科学技术出版 .

刘学锋，杨丽萍 . 2007. 浅析绿色食品产业对我国农村经济发展的推动作用［J］.中国食物与营养（1）：60-62.

马爱国 . 2005. 落实科学发展观推进品牌战略全面协调持续健康地加快发展［R］.全国无公害农产品绿色食品工作会议报告 .